Sitzungsberichte der Heidelberger Akademie der Wissenschaften
Mathematisch-naturwissenschaftliche Klasse
Jahrgang 1995, 1. Abhandlung

Springer

Berlin
Heidelberg
New York
Barcelona
Budapest
Hongkong
London
Mailand
Paris
Santa Clara
Singapur
Tokio

Margot Becke-Goehring   Margaret Eucken

Arnold Eucken

Chemiker – Physiker – Hochschullehrer
Glanzvolle Wissenschaft in zerbrechender Zeit

Vorgelegt in der Sitzung vom 29. April 1995

Springer

Prof. Dr. Dr. E. h. Margot Becke-Goehring
Scheffelstraße 4
69120 Heidelberg

Dr. Margaret Eucken
Berliner Ring 2
65779 Kelkheim

Mit 13 Abbildungen

Die Deutsche Bibliothek - CIP-Einheitsaufnahme

Heidelberger Akademie der Wissenschaften / Mathematisch-
Naturwissenschaftliche Klasse:
Sitzungsberichte der Heidelberger Akademie der
Wissenschaften, Mathematisch-Naturwissenschaftliche Klasse.
- Berlin ; Heidelberg ; New York ; London ; Paris ; Tokyo ;
Hong Kong ; Barcelona ; Budapest : Springer
  Früher Schriftenreihe

Jg. 1995, Abh. 1. Becke-Goehring, Margot: Arnold Eucken,
  Chemiker - Physiker - Hochschullehrer. - 1995
Becke-Goehring, Margot:
Arnold Eucken, Chemiker - Physiker - Hochschullehrer :
glanzvolle Wissenschaft in zerbrechender Zeit ; vorgelegt in der
Sitzung vom 29.4.1995 / Margot Becke-Goehring ; Margaret
Eucken. - Berlin ; Heidelberg ; New York ; London ; Paris ;
Tokyo ; Hong Kong ; Barcelona ; Budapest : Springer, 1995
  (Sitzungsberichte der Heidelberger Akademie der Wissenschaften,
  Mathematisch-Naturwissenschaftliche Klasse ; Jg. 1995, Abh. 1)
  ISBN-13: 978-3-540-60083-1
NE: Eucken, Margaret:

ISBN-13: 978-3-540-60083-1   e-ISBN-13: 978-3-642-79901-3
DOI: 10.1007 / 978-3-642-79901-3

SPIN 10507389   20/3143 - 5 4 3 2 1 0 - Gedruckt auf säurefreiem Papier

Inhaltsverzeichnis

ARNOLD EUCKEN
1884-1950

Vorfahren

Der erste, der den Familiennamen Eucken trug, war Heike Heeren Eucken (1747–
1798), der ein „Krämer" in Funnix (Ostfriesland) war, und der von einem Eucke
Hajen abstammte. Dieser war 1710 auf einer Warft in Westerdeich geboren, die in
der Weihnachtssturmflut 1717 unterging. Der junge Eucke überlebte als einziger
seiner Familie. Der Vorname Eucke wurde zum Familiennamen. Der Sohn des
Heike Heeren war Ammo Becker Eucken, Postmeister in Aurich, und dieser wie-
derum war der Großvater von Arnold Eucken. Bei Ammo Becker Eucken zeigte
sich eine Begabung für Mathematik und Logistik, und er gab dieses Interesse an
seinen Sohn Rudolf weiter. Verheiratet war Ammo Becker (1792–1851) mit Ida
Maria Gittermann, Tochter des Pastors und Schriftstellers Rudolf Christoph Gittermann aus Stedesdorf. Unter den Vorfahren der Ida Maria Eucken (1814–1872)
finden sich vorwiegend Pastoren, aber auch Markscheider und Münzmeister –
die Familie kam ursprünglich aus dem Harz. 1846 wurde den Euckens in Aurich
der Sohn Rudolf Christoph geboren. Er besuchte das Gymnasium in Aurich und
studierte dann in Göttingen Philologie und später Philosophie. Aus wirtschaftli-
chen Gründen – der Vater war ja früh gestorben – wurde er Gymnasiallehrer in
Husum und später in Frankfurt/Main; aber er blieb Philosoph und wurde durch
seine Schriften so bekannt, daß die Universität Basel ihn 1871 zu sich rief. Nach 3
Jahren (1874) erhielt er dann einen Ruf als ordentlicher Professor nach Jena. Der
Kurator der Universität Jena, Moritz Seebeck, überbrachte 1874 persönlich den
Ruf nach Basel an Rudolf Eucken. In Jena blieb der Philosoph dann sein Leben
lang, obgleich sich auch Freiburg (1896) und Tübingen (1904) um ihn bemühten.
Er war in der geistigen Welt seiner Zeit hochgeehrt, und dies wird wohl am mei-
sten dadurch deutlich, daß er 1908 den Nobelpreis für Literatur erhielt. Im Hause
des Kurators Seebeck lernte Rudolf Eucken seine spätere Frau Irene Passow kennen.

Als Rudolf Eucken und Irene Passow 1882 in Jena heirateten, vereinigte sich
ein reiches genetisches Erbe. Irene (1863–1941) stammte von ihrer väterlichen
Seite her aus einer Familie von Philologen und Theologen. Ihr Urgroßvater,
Thomas Seebeck (1770–1831), war Privatgelehrter, Dr. med. und Physiker, Mitglied der Berliner Akademie der Wissenschaften. Der Enkel dieses hochberühm-
ten Seebeck war der Vater von Irene: Arnold Passow (1829–1870).

Die Mutter von Irene hieß Athenäa Tibeta Ulrichs. Sie war 1839 in Athen geboren (1913 verstorben) und brachte die Liebe zum klassischen Altertum in die
Familie, war doch ihr Vater, Professor Dr. Heinrich Ulrichs, einer der Gründer
der Universität Athen gewesen.

Ammo Becker ——————— Ida Maria   Arnold Thomas ——————— Athenäa Tibeta
Eucken   Gittermann   Passow   Ulrichs

* 25. 3. 1792 Funnix   * 30. 8. 1814   * 9. 12. 1829 in Berlin   * 18. 2. 1839
† 12. 9. 1851 auf   in Dornum   † 12. 11. 1870 in Wies-   in Athen
  Norderney   † 31. 5. 1872   baden   † 5. 10. 1913
Postmeister in Aurich   in Basel   Dr. phil., Gymnasial-   in Blankenese
                                           direktor in Lingen

        verh. 19. 5. 1834 Stedesdorf   verh. 9. 11. 1858 in Bremen

Rudolf Christoph Eucken   ——————   Irene Christine Gertrud Passow

* 5. 1. 1846 in Aurich   * 25. 4. 1863 in Halberstadt
† 15. 9. 1926 in Jena   † 18. 9. 1941 in Jena

Dr. phil., D. theol., Geh. Hofrat,   Malerin
Prof. der Philosophie in Basel
und Jena
Nobelpreis 1908

                       verh. 14. 9. 1882 in Jena

Arnold Thomas Eucken   Ida Athenäa Eucken   Walter Kurt Heinrich Eucken

* 3. 7. 1884 in Jena   * 10. 1. 1888 in Jena   * 17. 1. 1891 in Jena
† 16. 6. 1950 in Graben   † 16. 10. 1943 in Jena   † 30. 3. 1950 in London
Dr. phil., Dr.-Ing. E. h.,   Konzertsängerin   Dr. phil., Prof. der National-
Prof. phys. Chemie in   ökonomie in Tübingen
Breslau und Göttingen   und Freiburg
verh. 31. 8. 1912 mit   verh. 9. 12. 1920 mit
    Fritzi Brausewetter   Edith Erdsiek
    * 18. 2. 1895 Leobersd.   * 2. 4. 1896 Smolensk
    † 5. 5. 1955 Göttingen   † 22. 6. 1984 Freiburg

Hans   Margarethe   Annemarie   Angelika   Irene   Marianne   Heinrich
Joachim   Eucken   Eucken   Eucken   Eucken   Eucken   Christoph
Eucken   Eucken

* 13. 6. 1914   * 12. 3. 1918   * 26. 7. 1919   * 3. 7. 1931   * 7. 9. 1933   * 2. 2. 1935   6. 4. 1939
† 12. 9. 1942   † 9. 1. 1984   † 31. 8. 1937   Dr. rer. pol.
gefallen vor   Dr. rer. nat.   verh. 12. 5.   verh. 7. 11.   Lehrerin   Dr. phil.
Stalingrad   Chemikerin   1949 mit   1958 mit   Altphilo-
                               Aubrey   Alfred   loge
                               Bishop   Oswalt   verh. 15. 10.
                                                                                         1994 mit
                                                                                         Franziska
                                                                                         Bütler

                               3 Kinder   3 Kinder

Die Kinder von Rudolf und Irene Eucken hatten offensichtlich Vorfahren, die aus der besten Tradition deutschen Bildungsbürgertums kamen. Begabung für Wissenschaft und Kunst war vorgegeben.

Kindheit und Jugend

Arnold Eucken wurde am 3. Juli 1884 um 2 Uhr morgens im Hause seiner Großmutter Athenäa Tibeta Passow in Jena, Forstweg 483g, geboren. Bei den Eltern herrschte große Freude; denn ein älterer Bruder war schon ein Jahr zuvor – bald nach seiner Geburt – gestorben. Am 5. November 1884 wurde Arnold in der evangelischen Kirche in Jena getauft. Er erhielt den Vornamen seines Großvaters und den eines Ahnen, dem Freund Goethes[1], Thomas Seebeck: Arnold Thomas. Arnold blieb kein Einzelkind; im Januar 1888 wurde die Schwester Ida Athenäa geboren und im Januar 1891 der Bruder Walter Kurt Heinrich.

Arnold wuchs in einer behüteten Atmosphäre auf. Rudolf Eucken bezog 1886 ein Haus oberhalb der Stadt mit herrlichem Blick auf Jena. Ein Kindermädchen war zur Betreuung vorhanden, und wenn die Eltern verreisten, kam Großmutter Passow und sah nach den Kindern. Die Familie war groß und in Deutschland verstreut, so gab es in Berlin einen Arzt Dr. Adolf Passow, einen Bruder der Mutter Irene; Carl Gittermann, Rektor zu Leer, und mehrere Verwandte in Bremen, wo die Mutter von Athenäa Passow herstammte und nach dem frühen Tod ihres Mannes Ulrichs den Consul Johann Smidt geheiratet hatte. Dieser Urgroßmutter Smidt wurde der kleine Arnold schon im Alter von zwei Jahren in Bremen gezeigt; er war ein gesundes Kind, das solche Reisen vertrug. Das Leben des Kindes Arnold hat seine Großmutter Passow aufgezeichnet. Dort wird vom ersten Zahn und dem ersten Gehversuch berichtet und von seiner ersten Freundin – Clärchen Vatermeyer –. Arnold machte mit dem Kinderfräulein Ausflüge zur Rudelsburg und begleitete seine Mutter im August 1888 nach Bad Kösen. 1890 unternimmt er mit seinem Vater eine Reise nach Wurzelberg und Ilmenau; mit der Großmutter fährt er 1892 nach Berlin zu Onkel Adolf und nach Bremen zu den Smidts. Das alles zeigt einen komfortablen Lebensstil, der dadurch an Reichtum gewann, daß das Haus Eucken die Tradition des Kurators Seebeck in Jena übernahm, zahlreiche Gäste zu sich einlud, in- und ausländische Studenten bewirtete und zum künstlerischen Leben in der Stadt beitrug. Es wurde viel musiziert, und es gab Theateraufführungen. Irene Eucken war eine künstlerisch sehr begabte Frau, und Gespräche mit Rudolf Eucken konnten dem Bildungsanspruch der damaligen Zeit stets entsprechen.

1889 kam Arnold Eucken in die Vorschule und im April 1893 in das großherzogliche Gymnasium in Jena. Nach dem ersten Schulzeugnis erhält Arnold im Oktober 1893 seine erste Uhr, was für jedes Kind ein Ereignis war. Aber dann bricht eine schlechte Zeit an: Scharlach und Masern lassen sich damals nicht

---

[1] Die Freundschaft zerbrach, als Seebeck die Farbenlehre ablehnte.

vermeiden; ein Erholungsaufenthalt in Blankenburg am Harz bei Onkel Hermann Passow wird notwendig. Trotzdem scheinen die schulischen Leistungen gut geblieben zu sein. Arnold hat sogar Zeit, seinen Liebhabereien nachzugehen. Im Haus der Eltern wurden exotische Vögel gehalten; Arnold interessierte sich für die heimischen Singvögel, versuchte sie sogar zu züchten und zu kreuzen. Im April 1898 trat er in den Ornithologischen Verein in Jena ein, der damals die stattliche Zahl von 6 Mitgliedern hatte – im Jahr 1900 wurde Arnold dort Vorsitzender.

Neben der Schule gab es noch im März 1899 die Konfirmation und im Winter 1900 die Tanzstunde. Die Freizeit war geprägt durch Vögel, Musik, private Theateraufführungen und Ausflüge in den Harz oder nach Mecklenburg. Im Haus beeindruckte die Gestalt des Vaters, dem die Studenten (Jena hatte damals etwa 1000 Studenten) 1896 einen Fackelzug brachten, weil er den Ruf nach Freiburg abgelehnt hatte. Rudolf Eucken lehnte den „Bildungsidealismus" ab; aber er lehnte auch eine „nach außen gerichtete, einseitig technische und materielle Kultur" ab – eine bloße „Arbeitskultur". In seinem größten Werk „Die Lebensanschauungen der großen Denker" schrieb er, daß das Ziel sei, „ein Aneignen des Ewigkeitsgehaltes aller Zeit, ein Überwinden einer verworrenen und flachen Zeit, ein Aufsteigen zu reineren Höhen". Dazu sollte die Betrachtung des Lebens und des Denkens der großen Philosophen helfen. Er fand wichtig: „Volle Wahrhaftigkeit und einen ehrlichen Kampf zwischen dem kleinen Menschen und der großen Geisteswelt, zwischen Zeit und Ewigkeit." So wurde der Sohn Arnold beeinflußt, und so suchte er nach einer Synthese zwischen materiell behaglichem und sorgenfreiem Leben und einem geistigen Inhalt.

Am 8. 3. 1902 verließ Arnold Eucken mit dem Abitur die Schule. Das Zeugnis war sehr gut; nur in „Betragen" stand eine „Vier". Der Grund war: Man hatte den Unterprimaner Eucken spazierengehend mit einer jungen Dame im Park gesehen – und das gehörte sich nicht. Im Elternhaus nahm man das nicht so tragisch.

Studium

Am 17. 4. 1902 verließ Arnold Eucken Jena und wurde am 23. 4. in Kiel immatrikuliert. Seine Studienfächer waren Mathematik, Physik und Chemie. Über die Vorlesungen hat er wenig geschrieben; in seinem Lebenslauf erwähnt er nur H. Biltz. Aber am 9. Mai trat er in den Kieler „Ruderverein" ein und machte dann mit diesem Segelfahrten auf der Eider und nach Eckernförde und seine erste Auslandsreise nach Svendborg. Im Laufe des ersten Semesters lernte er Max Beitzke kennen, der älter war (geb. 28. 12. 1881) und den jungen Freund für das Corps Saxonia „keilen" wollte. Zunächst scheute sich Eucken davor, „aktiv" zu werden. Er fand es wichtiger, im chemischen Praktikum zu arbeiten, und er wußte, daß sein Onkel Hermann als aktiver Sueve mehrere Semester in Tübingen verbummelt hatte. Aber im nächsten Semester trat Eucken dann doch in das

Corps Saxonia ein.[2] Er hatte sich mit Onkel Hermann beraten und Vorteil und Nachteil einer Corps-Bruderschaft gründlich erwogen. Arnold ist dann auch im Corps recht aktiv, schlägt 4 Mensuren, nimmt an Commers und Stiftungsfest teil und übernimmt sogar eine Charge.

Liest man im Tagebuch von Arnold Eucken über die „Kneipen", Bismarckfeier in Friedrichsruhe, Commers in Hamburg, Stiftungsfest und Frühschoppen, so wundert man sich, daß das Studium überhaupt noch vorankam. Auch Eucken muß das so empfunden haben; denn vom 27. 5. bis 5. 6. 1903 – und dann nochmals ab 29. 7. – geht er zu seinem Onkel Hermann Passow (2a), um in dessen Labor Analyse zu üben. 3 Wochen der Semesterferien hat Arnold dann aber auch noch in den Alpen verbracht, um seine ersten Bergtouren zu machen. Nach kurzem Aufenthalt in Jena werden die Semesterferien dann nochmals im Versuchsinstitut für Hüttenzemente in Blankenese verbracht, um Vollanalyse zu erlernen. Hierbei muß Eucken sich eine große Stoffkenntnis erworben haben und auch die Geschicklichkeit, die sein späteres Werk auszeichnete. Im Wintersemester 1903 ficht Eucken dann nochmals 2 Mensuren; im Frühjahr 1904 geht er nach Jena. In Jena ist offenbar das flotte Studentenleben nun zu Ende. 2 Semester wird studiert und im Frühjahr 1905 das Chemische Verbandsexamen bestanden. Der weitere Studienweg führte nach Berlin zur Tätigkeit als Doktorand bei Walther Nernst.

Neben dem Studium wurde der Militärdienst geleistet. 1871 war für das Deutsche Reich die alte preußische Regel eingeführt worden, daß ein junger Mann nur ein Jahr zu dienen brauchte, falls er Obersekundareife (das „Einjährige") besaß und für seine Unterkunft, Kleidung und Verpflegung selbst aufkam. Arnold Eucken machte davon Gebrauch – das Finanzielle wurde vom Vater geregelt –, und der Einjährig-Freiwillige diente vom 1. 10. 1906 bis 29. 9. 1907 (Arnold schreibt: Reserve hat Ruh!) bei dem Feldartillerieregiment 198 in Erfurt. Das mündliche Doktorexamen wurde während einiger Urlaubstage am 20. 12. 1906 abgelegt.

Nun begann die wissenschaftliche Arbeit wieder, und Publikationen legten davon Zeugnis ab. Am 12. 1. 1911 konnte sich Eucken habilitieren.

Das Leben in Berlin war aber nicht nur der Wissenschaft gewidmet. Arnold nahm vielmehr am regen gesellschaftlichen Leben teil.

Schon von seinem Elternhaus her war er an gesellschaftliches Leben mit kulturellem Rahmen gewöhnt. Im Haus von Rudolf und Irene Eucken wurde viel musiziert, d. h. Klavier gespielt und gesungen. Arnold hatte einen schönen Bariton, sein Bruder Walter einen Baß, und Schwester Ida wurde zur Konzertsängerin ausgebildet. Die Liebe zur Musik hat Arnold Eucken dann auch sein Leben lang begleitet. Er hörte und spielte vorwiegend Bach. – Im Elternhaus spielte auch die Malerei eine große Rolle. Man war Mitglied im 1903 gegründeten Kunstverein von Jena, und berühmte Maler kamen ins Haus, wie z. B. Max Klinger, Heinrich Vogeler, Henry van der Velde, Hans Thoma, Edvard Munch, Ernst Ludwig Kirchner und vor allem Ferdinand Hodler, der Rudolf Eucken malte.

---

[2] Eucken trat 1933 aus dem Corps aus, als es sich dem NS-Studentenbund anschloß.

Walter Eucken stand Hodler Modell, als dieser das große Gemälde in der Universität Jena, den Auszug der Studenten in den Freiheitskrieg gegen Napoleon, schuf. Irene Eucken war künstlerisch so begabt, daß Hodler ihr Malunterricht gab. Später hat sie ihren Mann gemalt, und dieses Bild hing dann im Zimmer ihres Sohnes Arnold in seinem Sprechzimmer im Göttinger Physikalisch-chemischen Institut.

In Berlin war das künstlerische und auch das gesellschaftliche Leben größer als in Jena, und der junge, gebildete Privatdozent war in den Häusern der „Gesellschaft" gern gesehen. So wurde er auch zu Hausbällen eingeladen, die sich im Bildungsbürgertum der Gründerzeit großer Beliebtheit erfreuten. Dort wurden junge Menschen miteinander bekanntgemacht und, wenn möglich, standesgemäße Heiraten vermittelt.

Heirat und Ehe

Am 26. 1. 1911 wurde Arnold Eucken zu einem Hausball bei dem Pathologen Hermann Beitzke eingeladen. Das war der Bruder seines Corpsbruders und Freundes Max Beitzke, der später im Weltkrieg fiel. Dort traf Eucken die sechzehnjährige Cousine der Hausfrau: Fritzi Brausewetter. Arnold verliebte sich sofort in das junge Mädchen und hätte sie am liebsten sofort geheiratet. Verliebtheit auf den ersten Blick und stürmisches Werben um eine viel jüngere Frau waren in der Familie Eucken nicht ungewöhnlich; aber Fritzi war für eine Ehe noch gar zu jung; außerdem war sie katholisch, die Familie Eucken aber evangelisch.

Fritzi war in der für die Zeit vor dem ersten Weltkrieg typischen Weise erzogen worden. Die Töchter aus „gutem" bürgerlichen Hause erhielten Unterricht in Benehmen (Contenance), Auftreten und Führung eines Haushalts (mit weißer Schürze, ohne die Schürze schmutzig zu machen). Die höheren Töchter fertigten feine Handarbeiten an, lernten ein Instrument zu spielen und konnten hübsche Liedchen singen. Sie waren mit Literatur und Theater vertraut und sollten Englisch und Französisch kennen oder sogar beherrschen. Von Tagesereignissen wurden sie ferngehalten; von der Arbeit des Mannes brauchten sie nichts zu verstehen, wenn sie es dem Mann ermöglichten, seine Arbeit ungestört zu tun. Heirat war erstrebenswert; denn dadurch wurde man vom „Fräulein", das zwar ehrerbietig behandelt wurde, aber doch irgendwie nicht ganz fertig war, zur Frau, zur „gnädigen Frau" oder „Frau Doktor", „Frau Professor", Frau Commerzienrat usw. Der gesellschaftliche Wert der Ehe war groß, das andere Bild von der „alten Jungfer" oder auch dem „Blaustrumpf" abschreckend. So konnten die Eltern von Fritzi Brausewetter dem Werben von Arnold Eucken nicht prinzipiell abgeneigt sein. Dem konfessionellen Unterschied begegnete man, indem Fritzi evangelisch wurde. Dem Altersunterschied trug man Rechnung, indem man verlangte, mit der Zeugung eines Kindes noch ein Jahr nach der Hochzeit zu warten – eine bemerkenswerte Forderung an einen jungen Ehemann!

So konnten sich Fritzi und Arnold am 3. 7. 1911 verloben und am 31. 8. 1912 heiraten.

Die Ehe brachte Arnold Eucken das, was er angestrebt hatte: Er gewann eine schöne Frau, für die er sorgen konnte und die seinem Haus gekonnt vorstand. Fritzi erhielt das, was sie brauchte: eine schöne Wohnung, genügend Haushaltshilfe, Nähhilfe, Köchin und – nach der Geburt der Kinder – Kinderfrau und Gouvernante. Sie konnte ein komfortables Leben führen und sich wahrscheinlich auch etwas langweilen. Sie konnte Mutter werden.

Die politischen Ereignisse haben dieses Leben stark verändert; denn schon 1914 brach ja der erste Weltkrieg aus. Glück und Unglück wechselten sich nun ab: Den Euckens wurden vier Kinder geboren; aber das jüngste Töchterchen starb unter tragischen Umständen (Fehldiagnose) an einem Hirntumor, und der Sohn fiel im Zweiten Weltkrieg vor Stalingrad. Trotzdem bestand diese merkwürdig begonnene und bemerkenswert belastete Ehe, bis der Tod von Arnold Eucken sie 1950 schied. Diesen Tod hat Fritzi Eucken nicht verwunden; sie starb nur wenige Jahre später am 5. Mai 1955.

Der berufliche Weg – Meilensteine –

Nach seiner Habilitation war Eucken zunächst Assistent bei Nernst und Privatdozent an der Berliner Universität. Seine erste Vorlesung hielt er am 1. 5. 1911 über Wahrscheinlichkeitsrechnung. Die Forschung galt der Elektrochemie und vor allem der Thermodynamik.

Die erfolgversprechende Laufbahn des jungen Gelehrten wurde durch den ersten Weltkrieg unterbrochen. Schon am ersten Mobilmachungstag (1. 8. 1914) mußte sich der Offiziersstellvertreter in Erfurt stellen. Er wurde alsbald nach Lichtenberg bei Frankfurt/Oder zum Garnisonsdienst kommandiert. Anfang 1915 wurde er dann als Leutnant der Reserve im Ostfeldzug eingesetzt. Im Juni 1915 erhielt er das Eiserne Kreuz II. Klasse und etwas später auch das der I. Klasse. Vom 15. 10. 1915 bis 8. 7. 1916 war Eucken Adjutant des Stabsoffiziers der Flugzeugabwehrkanonen der 11. Armee unter Generalfeldmarschall August von Makkensen. 1916 wurde Eucken als Lehrer an die Schallmeßschule in Köln-Wahn berufen. Erst am 25. 10. 1918 wurde er aus dem Heeresdienst entlassen.

Schon 1915 – also während des Krieges – wurde Eucken als Professor an die Technische Hochschule in Breslau berufen. Diese Professur konnte erst nach der Entlassung aus dem Heeresdienst am 1. 1. 1919 angetreten werden, und erst am 18. 2. 1921 wurde Eucken auf die Reichsverfassung vereidigt.

Der Lebenslauf spiegelt die wechselvolle Geschichte des Kaiserreichs und der Weimarer Republik wider. Die wissenschaftliche Tätigkeit setzte in Breslau in vollem Umfang ein. In Breslau hatte Eucken ein gutes Institut zur Verfügung, und er hatte an der Technischen Hochschule und der Universität anregende Kollegen wie O. Lummer, Cl. Schäfer und Otto Ruff. Anregend waren auch das kulturelle Klima, die zahlreichen Bibliotheken und sehr gute Theater.

Mitte 1929 traten Kollegen der Universität Frankfurt an Eucken mit der Frage heran, wie er über einen Wechsel nach Frankfurt dächte. Das war verlockend; denn das Institut war sehr modern. Störend schien, daß Euckens alter Freund A. Magnus sein Untergebener geworden wäre. Die Berufung zog sich hin. Da erhielt Eucken am 15. 10. 1929 einen Ruf nach Göttingen auf den Lehrstuhl seines Lehrers Nernst als Nachfolger von G. Tammann und als Direktor des Physikalisch-chemischen Instituts. Der Ruf kam unerwartet; aber Eucken zögerte nicht, ihn am 24. 10. 1929 anzunehmen. Am 6. 12. 1929 traf dann der Ruf nach Frankfurt ein – zu spät. Am 12. 12. 1929 teilte Eucken dem Kurator der Universität Frankfurt/Main mit, daß seine Wahl auf Göttingen gefallen sei. Arnold Eucken ging also nach Göttingen und trat seinen Dienst dort am 1. 4. 1930 an. Er konnte ein schönes Institut ausbauen, da ihm das Ministerium für Wissenschaft, Kunst und Volksbildung in Berlin dazu 40 000 RM und die Rheinisch-Westfälische Industrie 60 000 RM zur Verfügung stellten.

Das Institut wurde vor allem dadurch vergrößert, daß Eucken auf die Dienstwohnung des Direktors verzichtete und diese in das Institut eingliederte. Hierfür zahlte ihm das preußische Ministerium die Wohnungsmiete für 3 Monate in Höhe von 700 RM. 2 Mansardenzimmer hielt Eucken für Assistenten zurück, und 80 qm gewährte er dem scheidenden Ordinarius Tammann, der einen Ruf nach Riga erhalten hatte, diesen aber ablehnte. Der schöne Garten am Institut verblieb bei Eucken und seiner Familie.

In seinem Brief vom 12. 12. 1929 schrieb Eucken an den Kurator der Universität Frankfurt, der Hauptgrund dafür, daß er sich für Göttingen entschieden habe, sei, daß er sich in Göttingen eine besonders fruchtbare und freundschaftliche Zusammenarbeit mit den Kollegen erhoffe. Eucken nennt in diesem Zusammenhang R. W. Pohl und James Franck. Eucken wurde nicht enttäuscht. Die politische Entwicklung störte dann später diese Harmonie. Hitlers Rassengesetze trafen auch Freunde und Kollegen; James Franck emigrierte. Jüngere Kollegen konnten diesen Verlust nur teilweise ersetzen.

Professor in Göttingen ist Eucken bis an sein Lebensende geblieben, obgleich ihn 1932 noch ein Ruf an die Technische Hochschule München und 1937 ein Ruf an die Universität Berlin erreichten.

Zu den Meilensteinen im Berufsleben gehören auch die Mitgliedschaften in den wissenschaftlichen Vereinigungen wie der Akademie der Wissenschaften zu Göttingen (1931), der Akademie der Naturforscher *Leopoldina* in Halle (1936) sowie auch die Ehrenmitgliedschaft im Verein Österreichischer Chemiker (1936). 1942 erfolgte nach einem Vortrag in Madrid die Ehrenmitgliedschaft in der 1903 gegründeten Real Sociedad Española Fisica Y Quimica. Ob Eucken diese Ehrenmitgliedschaft annehmen durfte, blieb seitens der NSDAP und des Ministeriums ungeklärt. Im gleichen Jahr wurde Eucken korrespondierendes Mitglied der Bayerischen Akademie der Wissenschaften.

Besondere Ehrungen für das wissenschaftliche Werk blieben nicht aus: 1932 Arrhenius-Preis der Universität Leipzig, 1941 Cannizzaro-Preis des Senats der Stadt Rom, 1949 Dr. Ing. E.h. der Technischen Hochschule Karlsruhe.

Ein uneingeschränktes Interesse widmete Eucken der Deutschen Bunsengesellschaft für Physikalische Chemie. In den zwanziger und Anfang der dreißiger Jahre ging es in dieser Vereinigung bei einem Streit um die Stellung der Physikalischen Chemie und die Unabhängigkeit der Lehrstuhlinhaber.[3] Eucken ging es aber doch wohl vorwiegend um das Niveau und den Fortschritt der Wissenschaft. So bereitete er 1920 eine Tagung in Halle vor, auf der die bedeutendsten Physiker der Zeit vortrugen. Man rang um das Verständnis der chemischen Bindung. Später ging es dann um die Eingliederung der Bunsengesellschaft in den Verein Deutscher Chemiker, der sich in den NS-Bund Deutscher Technik hatte einbinden lassen. Es ging auch um die Mitgliedschaften von Juden wie James Franck und Fritz Haber. Für James Franck wandte sich Eucken persönlich an den Reichs-Wissenschaftsminister Rust. Interne Kämpfe von Physik, Chemie und nationalsozialistischer Ideologie bestimmten viele Sitzungen. Dabei ging es um Ideologie, aber auch um Positionen und Forschungsgelder, wie das bei deutschen Gelehrten üblich ist. Eucken stand nicht auf der Seite von Johannes Stark, Philipp Lenard,[4] Karl Lothar Wolf, Peter Adolf Thießen und deren Anhängern; so konnte die Bunsengesellschaft den vom Dritten Reich „unbelasteten" Eucken 1950 zu ihrem 1. Vorsitzenden wählen. Besonders erfreut wird es Eucken haben, daß ihm 1944 die Bunsen-Denkmünze verliehen wurde, die H. T. von Böttinger 1907 gestiftet hatte: für Persönlichkeiten, „welche die Ziele der physikalischen Chemie durch wissenschaftliche oder praktische Leistungen in hervorragendem Maße gefördert haben".

---

[3] Vgl. Walther Jaenicke: 100 Jahre Bunsengesellschaft 1894–1994, Steinkopff, Darmstadt 1994.

[4] Die „Deutsche Physik" bekämpfte die Quanten- und Relativitätstheorie als „Jüdische Geistesprodukte".

Forschung

Arnold Eucken als Wissenschaftler

Die Art von Arnold Eucken, Wissenschaft zu betreiben, läßt sich am besten dadurch ausdrücken, was Ernst Kretschmer so formuliert hat:

Wissenschaft ist eine Frage des Charakters
der strengen Zucht und des Verzichtes
eine Frage der Redlichkeit
der Unerbittlichkeit
der aufrechten Gesinnung
und eines unendlichen Leistungswillens.

Eucken war ein unermüdlicher Arbeiter, sehr vielseitig, sehr ideenreich. Er hat auf fast allen Gebieten der zu seiner Zeit noch jungen Physikalischen Chemie gewirkt. Viele Experimente hat er ersonnen. Die dazu geeigneten Geräte wurden vielfach von ihm und seinen Schülern erst erfunden, und der notwendige mathematische Apparat wurde meisterhaft gehandhabt.

Im folgenden soll die Vielfalt des Wirkens von Eucken als Wissenschaftler sichtbar gemacht werden – der weite und verzweigte Weg eines Großen. Ein tieferes Verständnis kann nur aus einem Studium der Originalarbeiten erwachsen. Hierzu sollen die Anmerkungen eine Hilfe sein.

Der Beginn

Eine Tätigkeit als Wissenschaftler wird durch eine gute Vorbildung erleichtert. Arnold Eucken erhielt seine Schulbildung in seiner Heimatstadt Jena. Nach dem Besuch einer privaten Vorschule kam er als Neunjähriger an das großherzogliche humanistische Gymnasium, das er Ostern 1902 mit dem Zeugnis der Reife verließ. Das Gymnasium, das von dem Historiker Gustav Richter geleitet wurde, soll[5] keine allzu großen Anforderungen an die Schüler gestellt haben – kein Vergleich zu der Fürstenschule Schulpforta –; aber eine gründliche Allgemeinbildung wurde vermittelt. O. Schrader, der später ordentlicher Professor in Breslau wurde, muß seine Schüler mit der Gedankenwelt Goethes vertraut gemacht haben. Naturwissenschaftliche Interessen wurden vielleicht nicht sehr durch die Schule gefördert; aber hier bot das Elternhaus Anregungen. Vater Rudolf Eucken

---

[5] So schreibt Arnold Eucken selbst in einem Lebenslauf (1).

hatte sich in früheren Jahren für Mathematik interessiert, naturwissenschaftliches Denken war ihm nicht fremd, und Naturliebe drückte sich z.B. dadurch aus, daß im Hause exotische Vögel gezüchtet wurden. So beschäftigte sich auch Sohn Arnold mit der Vogelwelt – allerdings der einheimischen. Zeit blieb auch für Wanderungen und das damals übliche Sammeln von Schmetterlingen und seltenen Pflanzen. Den schulischen Leistungen tat das keinen Abbruch. Nach 12 Jahren Schulzeit wurde das Abitur mühelos bestanden.

Zum Studium ging es zunächst nach Kiel. Dort lehrte als Abteilungsleiter in Anorganischer Chemie Heinrich Biltz, der seine Studenten mit der damals noch unerhört modernen Ionentheorie bekannt machte. In Physik unterrichtete Philipp Lenard, der ein begabter Physiker war, der vieles in der Physik bewegt hat, bis er sich im Alter zu einem gefährlichen Fanatiker wandelte (2).

In Kiel verbrachte Eucken 4 Semester. Für den angehenden Chemiker war es sicher nützlich, daß er in den Ferien im Laboratorium seines Onkels Passow in Hamburg qualitative und quantitative Analyse üben konnte. So wurde die Grundlage für eine gute Stoffkenntnis gelegt.

Nach dem Ende des Wintersemesters 1903 kehrte Eucken nach Jena zurück. Hier wurde er vor allem durch Ludwig Knorr beeinflußt, der 1883 das Antipyrin entdeckt hatte und daher einen guten Ruf in der Organischen Chemie und in der Pharmazie besaß. Im Frühjahr 1905 konnte das Chemische Verbandsexamen bestanden werden.

Das sogenannte „Verbandsexamen" war eine verhältnismäßig neue Einrichtung, die darauf zurückgeht, daß die Chemische Industrie – vor allem vertreten durch Carl Duisberg – nach einem vergleichbaren Abschluß an verschiedenen Universitäten und Technischen Hochschulen verlangte. Die Hochschullehrer wünschten aber kein „Diplom", auf dessen Vergabe der Staat Einfluß nehmen könnte. So wurde im September 1897 ein Verband der Laboratoriumsvorstände gegründet, der die Anforderungen für das Verbandsexamen festlegte. Erst 1937 mußte sich dieses Examen verstaatlichen lassen (3).

Schüler von Nernst

Arnold Eucken sah sich unter den großen Forschern und Lehrern um und beschloß, zu Walther Nernst zu gehen, um unter diesem faszinierenden Meister zu arbeiten.

Wer war Walther Nernst? Er war am 25.6.1864 geboren, hatte Physik studiert und war 1887 bei Kohlrausch promoviert worden. 1889 habilitierte er sich in Leipzig bei Wilhelm Ostwald. 1891 bis 1904 war er Professor in Göttingen. 1905 ging er nach Berlin, um Direktor des Physikalisch-chemischen Instituts der Friedrich-Wilhelms-Universität zu werden. Nernst hat auf fast allen Gebieten der Physikalischen Chemie gearbeitet. Eine fast unglaubliche Phantasie, ein klarer Blick für das Richtige und ein großes pädagogisches Talent machten ihn zu einem der Gründerväter der Physikalischen Chemie. Schon im Dezember 1905 publizierte er zu einem Vortrag in Göttingen sein Wärmetheorem und schuf damit eine wichtige Grundlage für die Erkenntnisse über das chemische Gleichgewicht. Zusammen mit Max Planck und Albert Einstein konnte er dann in Berlin einem geistigen Zentrum von Physik und Chemie vorstehen.

Da Nernst nach Berlin ging, kam auch Arnold Eucken nach Berlin, das damals fast der kulturelle Mittelpunkt Deutschlands war.

Nernst regte Eucken zu einer Doktorarbeit an: „Über den stationären Zustand zwischen polarisierten Wasserstoffelektroden". Mit dieser Dissertation wurde Eucken am 20.12. 1906 promoviert (4). Die Dissertation wurde mit „eximium" bewertet, das Examen mit „summa cum laude" (5).

Elektrochemie

Anknüpfend an seine Dissertation widmete sich der junge Gelehrte als Assistent von Nernst (1907) zunächst dem Gebiet der Elektrochemie. Er untersuchte z.B. den Zerfall des Silbercyanidkomplexes mit Hilfe der Stromspannungskurven (6). Dann versuchte er mit Hilfe einer rotierenden Elektrode die Geschwindigkeit schneller Reaktionen zu messen (7) und überprüfte mit Hilfe von Kondensatorentladungen in elektrochemischen Zellen eine von Nernst aufgestellte Theorie der Nervenreizung (8). Freilich konnte dabei die Theorie von Nernst nicht bestätigt werden. Eucken brachte dies mit vorsichtigen Worten zum Ausdruck: „So scheint die Auffassung nicht sämtlichen Tatsachen gerecht zu werden", und dies wird als „wenig überraschend" bezeichnet. Elektrochemische Arbeiten fehlen auch im späteren Werk von Eucken nicht. So arbeitete er über die Gültigkeit des Ohmschen Gesetzes für Elektrolyte (9), untersuchte die Größe des Diffusionsstromes in bewegten Elektrolyten (10) und beschäftigte sich mit der Theorie des Ladungswechsels von kolloidalen Teilchen (11). Ausführliche Untersuchungen widmete er der Ermittlung der Dielektrizitätskonstanten schwach polarer Kristalle (12), wozu auch eine besondere Meßmethodik entwickelt wurde (13). Für die Praxis hilfreich erwiesen sich Arbeiten über Wasserstoffelektroden mit hoher Stromleistung (14). Zu den elektrochemischen Arbeiten gehören schließlich Forschungen über Polarisationskapazität, Adsorption und Überspannung des Wasserstoffs an Platin (15). Die Überspannung bei der kathodischen Abscheidung des Wasserstoffs kommt danach durch die Verlangsamung der Entladung der Wasserstoffionen an der Platinelektrode zustande. Die Vorgänge sind komplex; die Geschwindigkeit der Herauslösung der Wasserstoffionen aus ihrer Hydrathülle und die Adsorptionsgeschwindigkeit für H^+-Ionen sind z.B. zu beachten. Dieses Arbeitsgebiet kann hier nur angedeutet werden; Kenntnis darüber kann ein Studium der Arbeiten von Ewald Wicke geben. Schließlich war die Elektrochemie auch zur Lösung eines ganz anderen Problems, nämlich der Hydratationsgeschwindigkeit von CO_2, von Nutzen (6a).

Wärmelehre I

Der dritte Hauptsatz

Schon 1909 wandte sich Eucken dem Gebiet zu, auf dem er ganz Großes leisten sollte: der Thermodynamik. Als Nernst ihn dazu anregte, erhoffte er sich eine Überprüfung – und möglichst Bestätigung – seines „3. Hauptsatzes der Thermodynamik", den wir heute als Nernstsches Wärmetheorem bezeichnen (16).

Nernst war auf *seinen* Hauptsatz sehr stolz. In seinen Vorlesungen wies er stets darauf hin (17), daß der 1. Hauptsatz drei Entdecker gehabt habe: Mayer, Joule und Helmholtz; der 2. Hauptsatz zwei: Carnot und Clausius; der 3. Hauptsatz aber nur einen: Nernst. Dies beweise, daß die Thermodynamik nun vollendet sei; denn für einen 4. Hauptsatz stehe nun niemand mehr zur Verfügung!

Um zu kennzeichnen, um was es sich hier handelt, sei Max Planck zitiert (18): „Jedes Körpersystem besitzt in einem bestimmten Zustand eine bestimmte *Entropie,* und diese Entropie bezeichnet die Vorliebe der Natur für den betreffenden Zustand. Sie kann bei allen Prozessen, welche innerhalb des Systems vorsichgehen, stets nur wachsen, niemals abnehmen."

Hier ist der *zweite Hauptsatz* der Thermodynamik mit einfachen Worten formuliert; er stellt also das Prinzip von der Vermehrung der Entropie in geschlossenen Systemen auf.

Der *dritte Hauptsatz* oder besser das Theorem, das 1906 von Walther Nernst formuliert wurde, sagt nach den Worten von Max Planck aus, „daß die Entropie, die bis dahin nur bis auf eine additive Komponente definiert war, einen absoluten positiven Wert besitzt. Dieser Wert, aus dem alle Gleichgewichtsbedingungen folgen, läßt sich von vorneherein berechnen. Für einen ... aus gleichartigen Molekülen bestehenden festen oder flüssigen Körper von der absoluten Temperatur Null (–273,2 °C) ist er gleich Null." Es folgt, daß die spezifische Wärme eines festen oder flüssigen Körpers beim absoluten Nullpunkt der Temperatur verschwindet. Man hat auch anders formuliert: Die mit einem Übergang zwischen kondensierten Phasen im Gleichgewicht verbundene Entropieänderung geht gegen Null, wenn die Temperatur gegen Null geht. Oder einfach: Der absolute Nullpunkt der Temperatur kann mit einer endlichen Anzahl von Schritten nicht erreicht werden (19).

Aus dem Gesagten ergibt sich, daß es wichtig sein mußte, den Verlauf der spezifischen Wärme der Stoffe bei tiefen Temperaturen zu messen und die Abhängigkeit der Werte von der Temperatur festzustellen. Die Gültigkeit des Theorems von Nernst sollte sich dann prüfen lassen.

Die Arbeiten des Arbeitskreises von Nernst wurden von einem ausgezeichneten Team ausgeführt, in dem außer Arnold Eucken vor allem F. A. Lindemann (später Viscount Cherwell und Professor in Oxford) hervortrat. Die theoretischen Arbeiten von Max Planck und Albert Einstein beeinflußten die Arbeiten aufs Glücklichste.

Arnold Eucken ging das Problem mit großer Gründlichkeit und mit einem fast unvorstellbaren Arbeitsaufwand an. Zunächst konnte er das Wärmetheorem bestätigen (20); aber bei einer immer weiter getriebenen Verfeinerung zeigte sich dann doch, daß man das Wärmetheorem etwas abwandeln muß (21). Sogar fester Stickstoff (–210 °C) oder festes Methan befinden sich noch nicht im „Nernstschen Zustand". Der Grund für diese Abweichung ist darin zu suchen, daß sich am absoluten Nullpunkt nicht die ideale Ordnung und Orientierung einstellt, die man im thermischen Gleichgewicht eigentlich erwarten sollte (22). Fehlerhafte Anordnungen, Fehlstellen, Besetzung von Zwischengitterplätzen können im Festkörper auftreten, und solche Fehlorientierungen können auch am absoluten Nullpunkt noch bestehen bleiben und eine Nullpunktsentropie verursachen.

Heute formuliert man (19) deshalb den dritten Hauptsatz folgendermaßen: „Setzt man die Entropie jedes Elements in seinem stabilen Zustand bei $T = 0$ gleich Null, so hat jede Verbindung eine positive Entropie. Sie kann bei $T = 0$ den Wert Null annehmen und tut dies, wenn die Verbindung als perfekter Kristall vorliegt."

Die Versuche von Eucken trugen zu dieser Klarstellung entscheidend bei. Das Verhältnis zwischen Nernst und Eucken hat sich aber infolge der Euckenschen Kritik zunächst getrübt.

Spezifische Wärme

Zur Bestimmung der spezifischen Wärme gab es seit Regnault (1840), Hermann (1834) und Bunsen (1870) (23) brauchbare Verfahren. Die Wärmemenge, die notwendig ist, um 1 g eines Stoffes bei einer bestimmten Temperatur um 1 Grad (Celsius oder Kelvin) zu erwärmen, konnte bei sehr tiefen Temperaturen aber nur recht schwer ermittelt werden, und der exakte Verlauf der Temperaturabhängigkeit war dementsprechend kaum bekannt. Um hier einen Fortschritt zu erzielen, baute Eucken das erste Vakuumkalorimeter, mit dem man bis zur Temperatur des flüssigen Wasserstoffs herunter messen konnte; der Siedepunkt des Wasserstoffs liegt bei –252,8 °C, 20,4 K (24).

Einen Körper erwärmen oder abkühlen bedeutet, daß man die Bewegungsenergie der Moleküle erhöht bzw. vermindert. Zur spezifischen Wärme eines Stoffes tragen bei: die translatorische Bewegungsenergie und die Rotationsenergie der Moleküle – die Schwingungsenergie der Moleküle wird nur bei hohen Temperaturen angeregt –. Eucken untersuchte die Temperaturabhängigkeit der wahren spezifischen Wärme des *Wasserstoffs*. Dazu stand ihm eine Vorrichtung zur Verfügung, mit der man flüssigen Wasserstoff (300 ml pro Stunde) herstellen konnte (25).

Der Apparat arbeitete nach dem Linde-Verfahren und lieferte eine Nutzausbeute von 10 % flüssigem Wasserstoff bezogen auf den durchströmenden Wasserstoff. Aber es bestand Explosionsgefahr. Eucken hatte keine Schwierigkeiten mit dem Gerät; aber nach der Aussage von Kurt Mendelssohn (17) funktionierte die Anlage nur, wenn man sie und den Erbauer, den Mechaniker Hönow, bei guter Laune hielt. Später hat Clusius ein sichereres Verfahren vorgeschlagen (25a).

Eucken konnte feststellen, daß die spezifische Wärme des Wasserstoffs mit sinkender Temperatur kleiner wird, wie das zu erwarten ist, wenn man sich die Moleküle als mit translatorischer Energie und Rotationsenergie ausgestattete Oszillatoren denkt. Die Rotationen werden mit sinkender Temperatur stillgelegt, und zwar ruckhaft, d.h. in Quantensprüngen.

Die Quantentheorie, die Max Planck 1899 aufgestellt hatte, besagte allgemein: Atomare Gebilde vermögen nur diskrete Energiemengen von einer bestimmten Größe – Energiequanten – aufzunehmen (26).

Die Rotationen des zweiatomigen H_2 werden mit sinkender Temperatur in Quantensprüngen „eingefroren", so daß die Molwärme des Wasserstoffs, C_v, unterhalb $T = 60$ (–213 °C) auf den Wert eines einatomigen Gases, für den nur die translatorische Energie bestimmend ist, d.h. auf $3/2$ R – 3 Kal – zurückgeht (27; 27a). Dieses Ergebnis, das erstmals 1912 vor der Kgl. preußischen Akademie in Berlin vorgetragen wurde, erregte Aufsehen.

Daß Eucken – von Nernst angeregt – für seine Versuche Wasserstoff auswählte, ist nicht verwunderlich; denn Wasserstoff ist das einfachste Molekül, das zudem dank seiner kleinen Masse am deutlichsten Quanteneffekte zeigen sollte. Zu Beginn des 20. Jahrhunderts hat man Wasserstoff daher viel untersucht. Man wußte aus dem Verhältnis der spezifischen Wärmen bei konstantem Druck und konstantem Volumen, daß Wasserstoff normalerweise zweiatomig ist (27a). Die Literatur ist voll von Theorien über den Bau dieser zweiatomigen Molekel. Besonders zwischen 1915 und 1927 arbeitete „man" über Wasserstoff, seinen Diamagnetismus, sein elektrisches Moment, über die Rotation, über die Schwingungsenergie der Molekel sowie über die Molekül-Ionen H_2^+ und H_2^- (28). Nun hatte Eucken Phänomene bei H_2 gefunden, die klassisch nicht erwartet worden waren. Sie bestätigten die Hypothese von Max Planck von 1899 (26) und hatten Einfluß auf die Annahme der Quantentheorie durch die Welt der Physiker.

Max Planck hat dazu vor der Berliner Akademie gesagt: „Was zur Theorie hinzukommen muß, was ihrer Blässe erst Blut und Leben verleiht, das ist ihre Verknüpfung mit der Wirklichkeit", und dazu zählt Planck „eine große Zahl von Forschern" auf, „die sich um die Förderung der Quantentheorie verdient gemacht haben". Planck zählt dazu die Arbeiten von Einstein, Debye, Nernst und Eucken zur spezifischen Wärme. Auf die Bedeutung der Art der Stillegung der Rotationsenergie wurde in einer Betrachtung über die Entwicklung der Quantentheorie, vom Herbst 1911 bis Sommer 1913, in den Abhandlungen der Deutschen Bunsengesellschaft im Juli 1914 besonders hingewiesen (29).

Zur Deutung der Ergebnisse bei H_2 halfen dann später die Rotationsschwingungsspektren der Molekel weiter. Man beobachtete, daß zwischen den betreffenden Spektrallinien ein Intensitätswechsel auftritt, ganz als ob gerade und ungerade Rotationsquantenzahlen mit unterschiedlicher Häufigkeit bei der Aufnahme der Quanten eine Rolle spielten. F. Hund (30) und W. Heisenberg (31) erklärten dieses Phänomen dadurch, daß im gewöhnlichen Wasserstoff zwei Modifikationen miteinander gemischt sind. Im Ortho-Wasserstoff sind die Eigendrehmomente (Spins) der beiden Protonen des H_2 parallel ausgerichtet, im Para-Wasserstoff dagegen antiparallel. Ortho-Wasserstoff führt nur Rotationen mit ungeraden Quantenzahlen aus, während bei Para-Wasserstoff nur gerade Quantenzahlen möglich sind. Die Temperaturabhängigkeit der Stillegung der Rotation, wie sie beim Abkühlen stattfindet, ist bei den beiden Modifikationen verschieden (32). Auf dieser Basis mußten die von Eucken gemessenen Temperaturabhängigkeiten der spezifischen Wärme erklärt werden. 1929 haben Bonhoeffer und Harteck (33) sowie Eucken und Hiller (34) reinen Para-Wasserstoff hergestellt, indem sie gewöhnlichen Wasserstoff bei tiefer Temperatur unter Druck an Kohle adsorbierten. Clusius und Hiller (35) konnten die spezifische Wärme – und die Temperaturabhängigkeit dieser Größe – messen. Nun konnten die ursprünglichen Werte von Eucken als herrührend von 75 % Ortho-Wasserstoff und 25 % Para-Wasserstoff quantitativ gedeutet werden (36).

Die Arbeiten von Eucken über die spezifische Wärme bzw. die Molwärme von Wasserstoff standen natürlich nicht allein. Es wurde viel auf diesem Gebiet gearbeitet; denn die junge Thermodynamik war sehr anziehend. Zu erwähnen sind hier vor allem die Arbeiten von F. Simon und seinen Mitarbeitern (37).

Zwischen Eucken und Simon kam es sogar zu einer Polemik (38), während derer sich die beiden Nernst-Schüler ungenaue Ergebnisse und ungenaues Rechnen vorwarfen. Aber prinzipiell wurden die Ergebnisse von Eucken zu Standardwerten.

Von anderen Gasen, die von verschiedenen Forschern studiert wurden, seien hier vor allem erwähnt: Helium sowie die zweiatomigen kondensierten Gase Stickstoff, Sauerstoff, Kohlenoxid, Chlorwasserstoff sowie Methan (39).

Schon die Erstlingsarbeiten von Eucken, mit denen ihm ein großer Wurf gelang, weisen das auf, was für sein späteres Werk charakteristisch ist: eine Neigung zur vollständigen mathematischen Durchdringung des Problems; daneben aber die Erkenntnis, daß jede Theorie durch neue Versuche in Frage gestellt werden muß, daß Verifizierung durch einige wenige Experimente nicht genügt, sondern daß Fortschritt nur durch Falsifikation und dadurch Veränderung der Theorie erzielt wird.

Zu seinen Studien entwickelte Eucken immer wieder geeignete Apparaturen. Mit großem experimentellen Geschick entwarf er zweckmäßige Apparate, die vielfach nur wenig finanziellen Aufwand erforderten. Mit großer Geduld und einem unermüdlichen Arbeitseifer wurden die Ergebnisse gewonnen. Die Unbestechlichkeit des Urteils kann imponieren, und sie *hat* imponiert und die Eucken-Schüler geformt (40).

Die ersten Arbeiten zeigten auch schon, daß Eucken auf dem Gebiet der Thermodynamik besonders reiche Ernten einbringen konnte. Zunächst als Schüler von Nernst und später aus seiner eigenen Denkweise heraus war es ihm gelungen, das Gebäude dieser Wissenschaft mit zu vollenden. Die Untersuchungen über die spezifische Wärme der Stoffe führten zu Erkenntnissen über Umwandlungspunkte und Umwandlungswärmen (41) und die Entropieinhalte (42), und immer wieder forschte man nach der Nullpunktsentropie – auch bei komplizierteren Molekülen wie BF_3, CF_4 und SF_6.

Eucken wurde zu einem „Klassiker der physikalischen Chemie" (43). Sein Ziel hat er 1922 formuliert (44): „Das Ziel ... besteht in einer Berechnung des Verlaufs chemischer Reaktionen, zu der lediglich physikalische Konstanten erforderlich sind." Dieses Ziel bedeutet nichts anderes als das völlig Transparentmachen der Chemie. Die chemischen Reaktionen sollten voraussagbar sein, und zwar sowohl in Hinblick auf ihre Möglichkeit wie auch für die Bedingungen ihrer zweckmäßigen Durchführung. Das Ziel war eine Utopie. Diese Denkweise überschätzte die Möglichkeit der mathematischen Behandlung der Chemie. Sie berücksichtigte nicht, daß zum Erkennen eines neuen Weges zum neuen Stoff Phantasie, Imagination, künstlerisches Gefühl gehören, und daß man noch weit davon entfernt ist, die Ideen zu definieren, die den Bau – und die Möglichkeit für die Existenz – der Stoffe bestimmen.

Die Brauchbarkeit der Quantentheorie für die Thermodynamik zu prüfen, war schon frühzeitig ein Anliegen von Eucken gewesen (20), und frühzeitig erhielt man ein schönes Ergebnis.

1913 publizierten Eucken und Schwers (45) eine Untersuchung zum sogenannten T^3-Gesetz von Peter Debye, nach dem die Atomwärme (spezifische Wärme mal Atomgewicht) von festen Stoffen bei sehr tiefen Temperaturen eine Funktion der dritten Potenz der absoluten Temperatur ist (46). Hier handelt es sich um ein berühmtes Beispiel, an dem das Versagen der klassischen physikalischen Theorie in der Thermodynamik zu Tage trat.

Nach der klassischen Physik sollte jedes Atom eines Festkörpers in drei Dimensionen schwingen, und die atomare – oder molare – Wärmekapazität ergibt sich dann: $C = 3\,R$. Das ist die Regel von Dulong und Petit (47), die aufgrund experimenteller Daten besagte, daß die Atomwärme fester Körper im Mittel 6,4 cal/Grad beträgt. Einstein fand, daß diese Regel bei tiefen Temperaturen nicht gilt. Alle Metalle hatten bei tiefen Temperaturen wesentlich kleinere Wärmekapazitäten als $3\,R$, und bei der Annäherung an den absoluten Nullpunkt schienen die Werte gegen Null zu gehen. Einstein betrachtete die Atome im Festkörper als ein System gleichfrequenter Oszillatoren, die zu räumlichen Bewegungen angeregt werden. Der Oszillator kann nicht beliebige Energiebeträge aufnehmen, sondern nur Energiequanten, die ein Produkt der Frequenz und des Planckschen Wirkungsquants sind. Debye hat diese Theorie verfeinert.

Debye hat seine Regel ursprünglich nur für einatomige Festkörper mit regulärem Kristallgitter aufgestellt. Eucken bestätigte die Regel und erweiterte sie auf binäre Verbindungen, deren Bausteine möglichst die gleichen Atomgewichte haben, sonst aber verschieden sind (48).

Wärmeleitfähigkeit

1911 habilitierte sich Eucken in Berlin auf einem zweiten Arbeitsgebiet. Die Habilitation erfolgte mit der Unterstützung von Walther Nernst und Emil Fischer für das Fach Chemie. Die Habilitationsschrift (49) „Über die Temperaturabhängigkeit der Wärmeleitfähigkeit fester Nichtmetalle" knüpfte experimentell an die Arbeiten über die spezifische Wärme an. Auch hier war eines der Fernziele die Überprüfung des Nernstschen Theorems. Das auffallendste Ergebnis (50) war die starke Abnahme der Wärmeleitfähigkeit mit steigender Temperatur bei schön ausgebildeten Kristallen von Kochsalz ($NaCl$), Sylvin (KCl), Flußspat (CaF_2), Quarz (SiO_2) und Wasser (H_2O) – bzw. Eis –. Besonderheiten traten beim Diamanten auf (51); dort ist die Wärmeleitfähigkeit selbst bei der Temperatur des flüssigen Wasserstoffs hoch. Allerdings sind die Verhältnisse beim Diamanten recht komplex. Die natürlichen Diamanten (künstlich gewonnene standen damals nicht zur Verfügung) sind in der Regel mit Stickstoff verunreinigt, und Grenzflächenwiderstände spielen eine Rolle. Interessant war auch der Flußspat: Man konnte die Substanz theoretisch fast aus nur zwei verschiedenen Ionen aufgebaut ansehen; denn ein Ca mit dem Atomgewicht 40,08 entspricht 2 F (mit dem Atomgewicht 2 mal 19); den Gewichten nach ist CaF_2 also fast binär. Eucken tastete sich damit an die Vorstellung des Ionengitters heran, obgleich er noch von „Molekülen" sprach.

Man kann sich fragen, ob sich Eucken zu Recht für das Fach „Chemie" habilitierte, obgleich er sich mindestens ebenso, wie sein Schüler Ewald Wicke sagte (52), als Physiker empfand. Aber die Habilitationsschrift zeigt gerade, daß es die Frage nach dem Stoff und seinen Eigenschaften war, die Eucken beschäftigte und vielleicht nicht primär die Frage nach den durch Abstraktion zu gewinnenden Gesetzmäßigkeiten. Die Begrenzung der Fächer verliert bei einem lebendigen Denken häufig ihren Sinn.

Eucken trat mit der Habilitation offiziell aus dem Schatten seines Lehrers Nernst heraus. Seine wissenschaftliche Tätigkeit wurde freilich durch den ersten Weltkrieg unterbrochen, an dem er von Beginn an bis 1918 als Reserveoffizier teilnahm. Eucken war Frontoffizier und ab Ende 1916 Lehrer an der Artilleriemeßschule (Schallmessung) Wahn (1); dem von Fritz Haber geleiteten „Gasinstitut" (53), das weitgehend für den Gaskrieg verantwortlich war und dem eine große Zahl bedeutender Chemiker angehört hat, war Eucken nicht verbunden.

Erst 1919 konnte Eucken dem Ruf an die Technische Hochschule Breslau, der 1915 ergangen war, folgen, und ab 1930 war er dann in Göttingen tätig.

Wärmelehre II

Auch an den neuen Wirkungsstätten befaßte sich Eucken viel mit den spezifischen Wärmen bzw. den Molwärmen und der Wärmeleitfähigkeit, d.h. den Grundlagen der Thermodynamik.

Die Untersuchung der Wärmeleitfähigkeit von Gasen, die 1914/15 begonnen hatte (54), ist auch bei den späteren Arbeiten zunächst noch ganz in den Bereich der Thermodynamik einzuordnen und ebenso die Prüfung des Nernstschen Wärmetheorems. Die Messungen bei tiefen Temperaturen wurden nun durch solche auch bei mittleren und höheren ergänzt (55), die Beziehungen zur Verdampfungswärme, zu Dampfdruck und Dampfdruckkonstante (56) gesichert und auf das hyperkritische Gebiet ausgedehnt (57). All diese Arbeiten sind eng verflochten mit den Arbeiten von P. Harteck und K. Clusius, die damals im Breslauer Institut arbeiteten.

Der weitere Ausbau der Thermodynamik führte zu ausführlichen Studien über die Frage, was ein ideales und ein reales Gas unterscheidet. Als die wichtigste und exakt bestimmbare Größe wurde der zweite Virialkoeffizient und seine Temperaturabhängigkeit gemessen (57, 58), und dies führte zwangsläufig zu einer neuen Ableitung des van der Waalschen Ausdrucks (59). Eucken forderte hier schon bei tiefen Temperaturen eine Assoziation zu Doppelmolekülen, die mit den Dipolmomenten zusammenhängt. $HF - H_2F_2$ ist ein Beispiel.

Solche Arbeiten führten weit in das Gebiet der organischen Chemie hinein. Man kann sich ja viele organische Moleküle aus Gruppen aufgebaut denken, die mehr oder weniger gegeneinander drehbar sind. Dazu untersuchte Eucken vor allem das Äthan, CH_3-CH_3, in dem die beiden CH_3-Gruppen nicht völlig frei gegeneinander rotieren; es liegt eine temperaturabhängige gehemmte Rotation vor, deren Anteil an der Molwärme ziemlich genau gemessen werden konnte (60). Die Frage, warum die Rotation gehemmt ist, führte zu dem elektrostatischen Einfluß von Gruppenmomenten oder nach Eucken und Meyer (61) besser Bindungsmomenten. Additiv sollte sich aus diesen das Dipolmoment des Moleküls ergeben (wobei man allerdings nicht einfach die Momente addieren kann; man muß die Bindungswinkel berücksichtigen). Immerhin gelang so eine Abschätzung der Dipolmomente auf einfachem Weg.

Bei anorganischen Stoffen erwiesen sich die Werte für Stickstoffmonoxid als besonders auffällig (62). Hier konnte aus thermodynamischen Daten die Existenz von zwei Modifikationen nachgewiesen werden. Bei tiefen Temperaturen existiert eine diamagnetische Modifikation, die sich bei höherer Temperatur teilweise in paramagnetisches NO umwandelt. Auch hier spielt die Bildung von Doppelmolekülen eine Rolle.

Ausführliche Arbeiten widmete Eucken den Flüssigkeiten (63). Es kam zur Deutung der Temperaturabhängigkeit einatomiger Flüssigkeiten (64); stets wurde zur Deutung der Ergebnisse auch Assoziation der Atome herangezogen – sogar bei Helium –.

Später konnte dann der Parachor erklärt werden. Das ist eine Größe, die dem sogenannten Nullpunktsvolumen kondensierter Verbindungen proportional ist und die sich additiv aus in den Molekülen enthaltenen Inkrementen zusammensetzt [W. Biltz (65)]. Der Parachor leistete wegen dieser Eigenschaft vorübergehend – ähnlich wie die Molekularrefraktion – für die chemische Konstitutionsforschung nützliche Dienste.

Schließlich kam es zu einer Prüfung der Pictet-Troutonschen Regel, die den Zusammenhang zwischen Verdampfungswärme und Siedetemperatur beschreibt. Diese Regel, daß der Quotient zwischen Verdampfungswärme beim Siedepunkt und Siedetemperatur für alle Stoffe etwa 21 cal/Grad beträgt, konnte auch mit vielen Hilfskonstruktionen nicht aufrecht erhalten werden (66).

Phasenübergänge

Thermodynamisch waren die Gase gut beschreibbar. Der Phasenübergang Flüssigkeit/Gas zeigte sich der statistischen Thermodynamik ebenfalls zugänglich und wurde von der Eucken-Schule durch Dampfdruckmessungen und Messung der Verdampfungsentropie, wie oben erwähnt, erfaßt. Dagegen erwies sich der Phasenübergang Festkörper/Flüssigkeit, d.h. der Schmelzprozeß, als theoretisch nicht einfach zu deuten (67). Eucken befaßte sich kritisch mit der Frage, welche charakteristischen molekülkinetischen Unterschiede zwischen Festkörper und Flüssigkeit bestehen (68). Schon qualitativ läßt sich dieser Phasenübergang nur ungenau beschreiben. Es wird beobachtet, „daß die korpuskularen Bausteine im Festkörper einigermaßen regelmäßig ..., in der Flüssigkeit dagegen weitgehend, wenn auch keineswegs vollkommen, regellos angeordnet sind" (68). Das ist eine vage Aussage, die auch dadurch wenig an Präzision gewinnt, wenn man sagt, daß beim Schmelzpunkt die Schwingungen der Moleküle so stark werden, daß das Gitter zusammenbricht. Insbesondere bleibt unklar, warum diese Zustandsänderung nicht kontinuierlich, sondern momentan erfolgt. Die Gestalt der Moleküle und die Dipolmomente müssen eine entscheidende Rolle bei diesem Phasenübergang spielen. Eine Theorie, die dies berücksichtigt, gibt es nicht; sie müßte sich viel mehr Parameter bedienen als der thermodynamischen, die Eucken bekannt waren.

Neben dem Schmelzpunkt gibt es andere Umwandlungspunkte, die mit der Änderung des Kristallgitters bei bestimmter Temperatur einhergehen. Der Übergang der Modifikationen des Schwefels oder des Zinns, der schon Nernst beschäftigte, bietet sich hier als Beispiel an. Der Eucken-Schüler Klinkhardt (69) studierte hierzu die auch technisch wichtige Umlagerung α-Eisen – γ-Eisen und auch die Verhältnisse bei Eisen-Mangan-Legierungen. Bei der Messung der spezifischen Wärme zeigte sich ein scharfer Umwandlungspunkt beim Umschlagen des Gitters von α-Fe zu dem des γ-Fe. Später wurde der Umwandlungspunkt von α-Thallium zu β-Thallium genau bestimmt – 226,7 °C – (69a).

Bei der Betrachtung solcher Phasenübergänge 1. Art drängten sich dann Beobachtungen auf, die auf Phasenübergänge 2. Art schließen lassen, die mit dem Bewegungszustand der Moleküle im Festkörper zusammenhängen (68). Dies sind die Rotationsumwandlungen, denen sich Eucken und seine Mitarbeiter lange zuwandten (70).

Nach Linus Pauling (71) ist anzunehmen, daß die Gitterbausteine mit steigender Temperatur immer stärker werdende Oszillationsbewegungen um ihren Schwerpunkt ausführen, die nach Überwindung eines Potentialwalls in eine Rotationsbewegung umschlagen. So entsteht eine Rotationsumwandlung, die im Gegensatz zu einer allotropen Umwandlung ohne Änderung der Kristallstruktur vor sich geht. Aber beim Umwandlungspunkt tritt eine Änderung der spezifischen Wärme ein. Diese Änderungen sind reversibel und zeigen oft eine thermische Hysterese (72). Die Beispiele für Rotationsumwandlungen sind zahlreich und leicht durch Messung der spezifischen Wärme zu erkennen. Bei Dipolmolekülen ist noch eine zweite Diskontinuität zu beobachten, nämlich im dielektrischen Verhalten.

Natürlich kann die freie Drehbarkeit im Gitter besonders leicht dann auftreten, wenn das Molekül kugelsymmetrisch gebaut ist, das Trägheitsmoment klein ist und die Moleküle im Kristall durch van der Waalsche Kräfte zusammengehalten werden. Dementsprechend hat sich Eucken ausführlich mit den Rotationsumwandlungen bei Methan, CH_4, beschäftigt (73). Neben den tetraedrischen CH_4 und CF_4 widmete man besondere Aufmerksamkeit dem oktaedrischen SF_6 (74). Das Schwefelhexafluorid hat Eucken auch schon wegen der intramolekularen Kräfte im Molekül beschäftigt (75). Man versuchte, die intramolekularen Kräfte in dem Molekül auf Grund der Normalschwingungen, d.h. spektroskopischer Daten, zu berechnen und zu deuten – wobei sich ein elektrostatisches Molekülmodell ergab.

Das kugelsymmetrische Schwefelhexafluorid ist besonders interessant dadurch, daß es bei der Temperaturabhängigkeit der spezifischen Wärme eine „einseitige Hysterese" zeigt (42). Das heißt: Beim Abkühlen kann man eine scharfe Umwandlungstemperatur beobachten, beim Aufheizen nicht.

Bei Molekülen, die ein Dipolmoment besitzen, wie HBr (76) oder H_2S (77), tritt die Rotationsumwandlung bei höheren Temperaturen auf als bei Methan. Vor allem Clusius (78) hat diese Verhältnisse auch an Ammoniumsalzen, an SiH_4 (79) oder PH_3 studiert. Die bei Dipolmolekülen zu erwartende Diskontinuität im dielektrischen Verhalten untersuchte auf Veranlassung Euckens G. Damköhler (80). HBr zeigte bei Temperaturen um 89 K sowohl die erwartete Unstetigkeit wie auch Hystereseschleifen. Er wies darauf hin, daß es im Kristallgitter möglicherweise zwei Rotationszustände gibt. Das erweiterte Paulingsche Bild sähe dann so aus: Bei tiefen Temperaturen oszillieren die Moleküle, mit steigender Temperatur schlägt diese Bewegung in eine Rotation um, häufig verbunden mit einer Aufweitung des Gitters (71). Die rotierenden Moleküle werden aber zunächst nicht sämtliche Gitterplätze besetzen; sie können im Gitter ungeordnet verteilt sein oder auch geordnet. Der eine Rotationszustand kann in den anderen übergehen; dies ist bei tiefen Temperaturen kinetisch stark verzögert.

Daß bei den Rotationsumwandlungen das Trägheitsmoment eine Rolle spielt, zeigte sich besonders schön, als man in Methan den Wasserstoff, H, durch Deuterium, D, ersetzte und CD_4 sowie auch CH_4-CD_4-Gemische studierte (81). Eine ausführliche, mathematische Theorie der Rotationsumwandlungen hat dann Klaus Schäfer (82) aufgestellt, der im Eucken-Kreis so etwas wie der „Hausmathematiker" war.

Der reale Festkörper

Polykristalline Stoffe

Um Gesetzmäßigkeiten zu prüfen und zu entwickeln, bedarf es einer Idealisierung der Ausgangszustände – beim Festkörper betrachtet man den idealen Kristall. Die Wirklichkeit ist vielfältiger. Bei dem Studium der Wärmeleitfähigkeit war gefunden worden, daß der thermische Widerstand, der reziproke Wert der Leitfähigkeit, mit abnehmender Temperatur abnimmt (51). Weitere Untersuchungen zeigten nun, daß die Leitfähigkeit bei gut ausgebildeten Kristallen größer ist als bei polykristallinen Körpern (83). An den Kristallitgrenzen treten dann Übergangswiderstände auf. Im Glaszustand (84) ist die Leitfähigkeit bei tiefen Temperaturen nicht nur kleiner als im Kristall, sondern steigt auch mit steigender Temperatur an. In der Praxis hat man es mit solchen Stoffen zu tun, und Eucken versuchte, die Ergebnisse für die Anwendung im praktischen Umgang mit den Materialien der chemischen Technik nutzbar zu machen. Ausführlich wurden die Zusammenhänge zwischen der Wärmeleitfähigkeit und den elastischen Eigenschaften zu erforschen versucht, und dazu bot sich die von diesen Eigenschaften abhängige Schallgeschwindigkeit an (48, 86). Theoretisch zeigte sich hier allerdings, daß die Wärmebewegung der Gitterbausteine für ein exaktes Rechnen zu komplex und von den Besonderheiten der Kristallstruktur abhängig ist. Eucken und seine Schüler versuchten es mit einer Theorie von Wellenzügen, die mehrere Gitterbausteine umfassen und sich gegenseitig stören. Die Fortpflanzungsgeschwindigkeit dieser Wellenpakete sollte von Isotropie bzw. Anisotropie des Kristalls und von den elastischen Eigenschaften abhängig sein. Für den Verfahrensingenieur, der nach Wärmeleitzahlen sucht (84), waren solche Ansätze noch nicht sehr hilfreich.

Aber trotzdem konnte eine erste wissenschaftliche Grundlage für das komplexe Gebiet der Wärmeleitfähigkeit polykristalliner Stoffe geschaffen werden, und damit wurde auch dem Industrieofenbau Grundsätzliches vermittelt. In Euckens Blickfeld stand hier vor allem die Keramikindustrie (85). Man wollte die Wärmeleitfähigkeit keramischer Materialien bei beliebiger Temperatur berechnen. Dazu war der physikalisch-chemische Zustand der Materialien zu beschreiben und dann aus der Wärmeleitfähigkeit der Bestandteile die entsprechende Größe für das Material zu errechnen. Der Glasgehalt spielt dabei eine große Rolle wegen der Besonderheiten bei der Wärmeleitfähigkeit amorpher Materialien. Für die Grundbestandteile keramischer Stoffe wie z. B. Korund (Al_2O_3), Karborund (SiC), Periklas (MgO), aber auch die kristallinen Modifikationen des SiO_2 konnten Standardwerte für das Wärmeleitvermögen bei verschiedenen Temperaturen angegeben werden (85), für feuerfeste Steine plausible Werte (55), und schließlich wurde ein Verfahren aufgezeigt, wie man die Menge rißartiger Poren ermitteln kann (85). Daß eine Eigenschaft wie die Härte sich zur Wärmeleitfähigkeit parallel verhält, war ein Nebenergebnis (83).

Metalle

Bei den Metallen liegen die Verhältnisse auf den ersten Blick einfacher (87). Das Verhältnis von Wärmeleitvermögen zu elektrischem Leitvermögen besitzt bei vielen Metallen nahezu den gleichen Wert (Wiedemann-Franz-Lorenzsches Gesetz) und steigt etwa proportional mit der absoluten Temperatur. Kann man eine der beiden Leitfähigkeitsgrößen messen, so läßt sich die andere abschätzen. Will man sich aber nicht mit qualitativen Aussagen begnügen - und das wollte Eucken eigentlich nie -, so zeigt sich, daß die kalorischen Daten von Metallen nicht immer ganz zuverlässig zu gewinnen sind. Schon der Dampfdruck der Metalle ist eine experimentell schwierig zu ermittelnde und zu berechnende Größe. Um den thermischen und den elektrischen Widerstand exakt zu erfassen, beleuchtete Eucken (88) diese Fragen kritisch. Es zeigte sich, daß man die Korngröße berücksichtigen muß (89), und man sollte durch mechanische Bearbeitung den metallographischen Zustand definieren und normieren. - Durch Walzen gelingt es z. B., die nichtmetallischen Schichten, die sich zwischen den Metall-Kristalliten befinden können, zu zerstören (90). Eucken und Mitarbeiter untersuchten zahlreiche Metalle (89) wie etwa Antimon, Wismut, Eisen, Nickel, Thallium, aber auch Legierungen, die sich selbst vergüten (91). Auch verschiedene Bleilegierungen wurden studiert (92). Auffällig ist, daß bei der Selbstvergütung - etwa von Aluminium-Kupfer-Legierungen - sich die Widerstände mit ansteigender Härte verändern, und zwar so gleichartig, daß die Lorenzsche Zahl praktisch unverändert bleibt. Mehrfach wurde versucht, eine Theorie für den Gang der Leitfähigkeiten zu finden; aber dies erwies sich als schwierig. Ein Ansatz, die thermische Leitfähigkeit in eine metallische und eine nichtmetallische zu trennen (93), führte nicht recht weiter. Die wichtigste Schlußfolgerung scheint zu sein (87), daß das Wiedemann-Franzsche Gesetz, ebenso wie das Gesetz von Dulong und Petit, bei tiefen Temperaturen seine Gültigkeit verliert, weil „dann die Anwendbarkeit der klassisch-mechanischen Gesetze auf atomare Vorgänge nicht mehr gegeben ist" (89).

Bei dieser Sachlage mußte sich Arnold Eucken wie vielen Physikern und Technikern der 20er und 30er Jahre des 20. Jahrhunderts die Frage aufdrängen: Was ist ein Metall? (94)

Eucken tastete sich an diese Frage heran, indem er zunächst von einer einfachen Form der Bohrschen Atommodelle ausgehend die im Metallinneren „freien" Elektronen zu beschreiben versuchte, sodann erkannte, daß man mit der Annahme von „Wellenzügen" und „Wellenpaketen" und mit der Anwendung der klassischen mechanischen Theorie zu keiner Deutung des Leitfähigkeitsverlaufs gelangte; aber bei Anwendung der Quantentheorie und der Fermi-Statistik, d.h. der Anwendung des Pauli-Prinzips auf die Elektronen im Metall, eine Lösung fand (95).

Mit theoretischen Betrachtungen konnte man sich nicht begnügen, und so wurden schon in Breslau, vor allem aber in Göttingen, zahlreiche Experimente auf dem Metallgebiet weitergeführt. So wurde die thermische Leitfähigkeit der beiden Eisenmodifikationen, die Eucken schon in anderem Zusammenhang interessiert hatten (α-Fe und γ-Fe), bei tiefen Temperaturen zu bestimmen versucht. Da γ-Fe bei tiefer Temperatur instabil ist, versuchte er den Wert dieses Eisens aus dem gleichartig (austenitisch) kristallisierenden Fe-Mn-Stahl zu extrapolieren (96). Das Ziel war wohl, die Umwandlungswärme thermodynamisch zu bestimmen. Daß bei tiefen Temperaturen Besonderes zu beachten ist, zeigte sich daran, daß das T^3-Gesetz unterhalb 20 K nicht mehr gilt (96). Ein anderer Ansatz führte besser zum Verständnis der metallischen Bindung: Eucken untersuchte die mittlere freie Weglänge der Elektronen in Wismut, Blei und Cadmium (97) und machte dann experimentell sehr schwierige Versuche mit sehr dünnen Silberfäden (98). Ganz abgesehen von der Tatsache, daß bestätigt wurde, daß sich bei Silber pro Ag ein Elektron im Metall „frei" befindet, wurde die Zweckmäßigkeit der Quantenbetrachtung (Fermi-Statistik) erwiesen.

Ausgehend von dem Gebiet der Wärmelehre wurde Eucken also weit in die Welt der modernen Physik geführt.

Adsorption

Schon frühzeitig (99) hatte Eucken ein weiteres Arbeitsgebiet in Angriff genommen: die Adsorption.

Man weiß seit dem Altertum, daß es Stoffe gibt, die andere an ihrer Oberfläche festhalten können. Hierher gehören Adsorptionskohle – Aktivkohle – und Silicagel, aber auch Asbest und sogar Papier. Ja, allgemein kann man sagen, daß Adsorption an jeder Oberfläche und jeder Grenzfläche möglich oder besser wahrscheinlich ist. Die technische Nutzung dieser Erscheinung ist vielfältig: Sie wird ausgenutzt zum Färben, zum Binden von Giftstoffen, für Gasmaskenfilter und für das große Feld der heterogenen Katalyse. Adsorptionserscheinungen können aber in Wissenschaft und Technik auch störend sein. In der Radiochemie mußten die Forscher vielfach damit kämpfen, daß sehr kleine Mengen an Gefäßwänden adsorbiert werden und sich so der weiteren Untersuchung entziehen. Andererseits kann man die Tatsache, daß die Adsorptionswahrscheinlichkeit verschiedener Stoffe, an einer bestimmten Oberfläche adsorbiert zu werden, verschieden ist, experimentell ausnutzen: zur Trennung von Gasgemischen. Ebenso ist hier die verschiedene Desorption zu benutzen (100). Es ist das Verdienst von Ewald Wicke und seinen Schülern im Euckenschen Institut, die Untersuchungen über Ad- und Desorptionsvorgänge vorangetrieben zu haben (101). Ingenieurtechnische Folgerungen wurden dabei beachtet (102). Analoges gilt für die Arbeiten von Gerhard Damköhler auf diesem Gebiet (103).

Um zu verstehen, worum es sich bei dem verbreiteten Naturphänomen der Adsorption handelt, muß man sich Gedanken über die Natur der Oberfläche des Adsorbers machen und über Kräfte, die zwischen Oberfläche des Adsorbers und Adsorbens wirken können. Eucken wies darauf hin, daß man zwischen physikalischer und chemischer Adsorption unterscheiden sollte (104). An der Grenzfläche kann sich ein energetischer oder ein stofflicher Austausch einstellen. Beide Erscheinungen hängen zusammen und treten häufig gemeinsam auf.

Die physikalischen Wechselwirkungen sind nur schwach; aber sie wirken über große Entfernungen. Die Energie, die bei der Adsorption eines Teilchens frei wird, hat die Größenordnung der Kondensationsenthalpie; sie ist eine Größe, die leicht zu messen ist. Sie ist eine Funktion der Siedetemperatur des Adsorbats. Die Vorstellung ist, daß z. B. ein H_2-Teilchen über die Oberfläche des Adsorbens hüpft und seine Energie in Bruchteilen an die Schwingungsenergie abgibt, bis es schließlich haften bleibt oder wieder in den Gasraum zurückgestoßen wird. Der Anteil der erfolgreichen Stöße, die Adsorptionswahrscheinlichkeit und die Akkomodation sind abhängig von der Kristallfläche, die getroffen wird, und von der schon vorhandenen Belegung der Fläche.

Es erschien vielversprechend, den Energieaustausch beim Auftreten von Gas auf feste Wände zu untersuchen und zu deuten (105). Calorimetrische Studien an der physikalischen und der aktivierten Adsorption von H_2 an Nickel ergaben quantitative Werte für die Abhängigkeit der Adsorptionswärme und der Adsorptionsgeschwindigkeit von der Temperatur und von der Belegungsdichte, die auch für die Aktivierungsenergie, die zur Desorption aufgewendet werden muß, von großer Bedeutung ist. Als Maß für die Vollständigkeit kann man den Akkomodationskoeffizienten ansehen, der gut meßbar ist (106). Er ergibt sich aus dem Quotienten aus der Temperatur der von einer geheizten Metalloberfläche fortfliegenden Gasmolekeln (abzüglich der Temperatur der auftreffenden Molekeln) und der Temperatur der Metalloberfläche (ebenfalls vermindert um die Temperatur der auftreffenden Molekeln). Zahlreiche Akkomodationskoeffizienten wurden gemessen, und damit hängen dann auch die Verweilzeiten des Adsorbats zusammen – und auch die Einstellzeiten für Temperaturausgleich bzw. Energieübertragung – (107). Zwischen den adsorbierten Teilchen und den freien Gasmolekülen bildet sich ein dynamisches Gleichgewicht aus, das temperaturabhängig und auch druckabhängig ist. Dies wird durch die Adsorptionsisothermen beschrieben.

Die Theorie von Langmuir (108) sah eine ganz dünne – höchstens monomolekulare – Schicht von adsorbierten Teilchen vor, die eine gewisse Zeit festgehalten wird und dann wieder verdampft. Alle Adsorptionsplätze sollten äquivalent sein, und die Adsorptionswahrscheinlichkeit sollte davon unabhängig sein, ob die Nachbarplätze besetzt oder nicht besetzt sind. Die danach zu berechnenden Isothermen sind von Stephan Brunauer, Paul Emmet und Edward Teller (109) korrigiert worden, und weitere Verbesserungen der Theorie waren nötig (19). Zahlreiche Versuche für verschiedene Oberflächen von Metall bis hin zu Ionenkristallen (110) mit verschiedenen Gasen vom Edelgas und Wasserstoff bis hin zu N_2O und SF_6 (107) konnten viele Einzelergebnisse liefern, aber keine Theorie von allgemeiner Gültigkeit. Zu viele Faktoren sind zu berücksichtigen.

Eucken untersuchte noch andere Erscheinungen, die mit der Adsorption an Grenzflächen zusammenhängen (107), z. B. die Tropfenkondensation von Wasserdampf an verschiedenen Metallflächen oder das Phänomen der kritischen Kondensationstemperatur (vorwiegend wurde Cadmiumdampf benutzt) auf Glas oder Metallen. Stets versuchte er dabei die Technik und die Welt des Ingenieurs einzubeziehen (111). Die Ergebnisse dieser Arbeiten sind Visionen und Anstöße für weitere exakte Forschung geblieben.

Katalyse

Die Forschungen über Adsorptionserscheinungen leiteten in solche auf dem Gebiet der heterogenen Katalyse über (112). Hier handelt es sich um eine Erscheinung, die die Chemiker und die Techniker immer wieder beschäftigt hat. Ein Katalysator soll – wie der Name sagt – in der Lage sein, eine Reaktion „auszulösen“ und zu beschleunigen, ohne selbst durch Teilnahme an der Reaktion verbraucht zu werden. Schon Scheele beschrieb 1782 ein solches Verhalten, und 1823 erregte die Entdeckung von Wolfgang Döbereiner Aufsehen, der beschrieb, daß sich Wasserstoff an der Luft entzündet, wenn er mit Platinschwamm zusammengebracht wird. Der Katalysator als „Auslöser“ wurde zuerst 1835 von Berzelius definiert; der Zeitbegriff vom Katalysator als „Beschleuniger“ wurde 1888 von Wilhelm Ostwald eingeführt (113). Für die Praxis erwies sich die Katalyse sehr bald als unverzichtbar. Von den vielen Forschern, die auf diesem Gebiet tätig waren, soll hier nur Alwin Mittasch (114) genannt werden und die Bemühungen der Badischen Anilin- und Soda-Fabrik um die Ammoniaksynthese mit Fritz Haber und Carl Bosch und den zahlreichen Vordenkern, Mitarbeitern und Nachläufern (53).

Einen modernen Ansatz zur Theorie der heterogenen Katalyse hat Fritz Haber vor der 34. Hauptversammlung der Deutschen Bunsengesellschaft im Mai 1929 gegeben. Schon damals wies er darauf hin, daß in einer Adsorptionsschicht besonders kleine Abstände der Moleküle vorhanden sein können, und daß der Ablauf der Katalyse auf einem wellenmechanischen Weg vor sich geht (53). Dieser Ansatz erwies sich als richtig.

Eucken ließ sich besonders von Verbrennungsreaktionen und Zersetzungsreaktionen fesseln.

Angeregt durch Untersuchungen von V. Sihvonen (115) versuchte Eucken, den faszinierenden Prozeß der Verbrennung des Kohlenstoffs näher zu beleuchten (116). Er erkannte, daß es bei der Verbrennung unter vermindertem Druck entscheidend ist, daß der Sauerstoff an den Kristalliten des Graphits adsorbiert wird – und zwar an den Randzonen der durch verknüpfte Kohlenstoffsechsecke gebildeten Schichtebenen des Graphits –. Die Reaktion kann dort einsetzen, wo zwei Kristallite aneinanderstoßen. Von drei Rand-Kohlenstoffatomen sollen zwei Sauerstoffmolekeln adsorbiert werden. In einem Primärschritt sollten dann eine Kohlendioxidmolekel und zwei Kohlenmonoxidmolekeln gebildet werden. Die Ränder der Graphit-Kristallite werden dadurch aufgebrochen, und eine Fortpflanzung der Reaktion durch mehrere Randatome sollte möglich werden. Ein Nebenergebnis war dann die Erkenntnis, daß die Kohlendioxidmolekel gestreckt gebaut sein mußte, wenn diese Arbeitshypothese überhaupt brauchbar sein könnte. Diese Erkenntnis über das CO_2 stimmte gut mit dem Resultat anderer Untersuchungen überein (117). Aber abgesehen von solchen qualitativen Deutungen erwies sich die Kohlenstoffverbrennung als zu komplex für die Entwicklung einer abschließenden exakten Theorie.

Arnold Eucken versuchte sich daher an einfacheren Kontaktkatalysen. Zur Lösung des Problems: „Was geschieht an der Kontaktoberfläche?" wurde zusammen mit Ewald Wicke die Abspaltung von Wasser aus Alkoholen an Oxidkontakten (eisenhaltigem Bauxit und Aluminiumoxid) studiert (118). Der erste Schritt ist stets die Adsorption des reagierenden Moleküls an der Kontaktoberfläche. An der Oberfläche sitzende O-Ionen wurden als Akzeptoren für Wasserstoff, der an den HO-Gruppen der Alkohole lokalisiert ist, angesehen. Die weitere Reaktion kann dann an solchen Stellen der Kontaktfläche ablaufen, an denen eine Molekelkonstellation möglich ist, die weitgehend der entspricht, die die Reaktionsprodukte haben. Das heißt, die Wasserabspaltung sollte so vor sich gehen, daß keine „erheblichen räumlichen Verschiebungen von Atomschwerpunkten" erforderlich sind. – Eucken schien es wichtig, hier das „Prinzip der geringsten Strukturänderung" bei Reaktionen von organischen Stoffen einzuführen (119). – Für Eucken bedeutete dieses Prinzip eine der Grundlagen für die Deutung von solchen Reaktionen, die er zunächst nicht ganz glücklich Austausch- oder Übertragungskatalysen genannt hat (120).

Das Prinzip von der geringsten Strukturänderung ist mit dem Franck-Condon-Prinzip verwandt, das ursprünglich für interatomare oder intermolekulare Elektronenübergänge formuliert worden war, und dessen Anwendung auf die Reaktionskinetik z.B. von Rice und Teller (121) empfohlen worden ist.

In diesem Sinn günstige Molekelkonstellationen finden sich bei ZnO auf der normalen Kristallfläche, bei γAl_2O_3 an Gitterfehlstellen (122). αAl_2O_3 ist nicht wirksam, da es weniger Fehlstellen im Gitter besitzt.

Eucken und Mitarbeiter – vor allem E. Wicke – untersuchten als Modelle zwei Typen von Katalysereaktionen. Einmal studierten sie den Zerfall von Alkohol in Wasser und Olefin bei erhöhter Temperatur (118, 123) an oxidischen Kontakten (124). Zum zweiten gab es umfangreiche Studien zur Hydrierung von ungesättigten Kohlenwasserstoffen an Metallkontakten (125). Messungen über die Adsorption von Wasserstoff an Nickel waren die Grundlage (105). Hier erwies sich Eucken wieder einmal als Initiator für neue Forschungen und Theorien auf einem Gebiet, das wissenschaftlich und technisch von großer Bedeutung war. Vieles war nur ein Anfang, und manches von dem, was Eucken zunächst nur zögernd akzeptierte, wie z.B. die „aktiven Zentren" in Katalysatoren (126), ist heute Allgemeingut. So hat Eucken Vieles angestoßen, was er selbst nicht mehr vollenden konnte. Sein Tod im Jahr 1950 verhinderte weitere Erkenntnisse. Georg Maria Schwab hat darauf 1984, bei dem 8. International Congress on Catalysis, in bewegenden Worten hingewiesen: „We bow our heads before this great man of catalysis." (112)

Die chemische Reaktion

Eines der großen Ziele von Eucken war es gewesen, das chemische Gleichgewicht mit Hilfe thermodynamischer – physikalisch präziser – Daten zu berechnen. Diese Arbeiten, die vom Nernstschen Wärmesatz initiiert wurden (127), hatten auch außerhalb der reinen Wissenschaft zu technischen Erfolgen geführt.

Die Herstellung von Ammoniak, Methanol, Benzin wurde erst nach Kenntnis der Wärmelehre und der Berechnung der Gleichgewichtskonstanten möglich. Aber für die Bedürfnisse der Technik genügte das erwähnte theoretische Gebäude noch nicht: denn eine chemische Großapparatur arbeitet unwirtschaftlich, wenn der Umsatz, der auf Grund der Gleichgewichtslehre möglich ist, nur langsam erreicht wird. Das Problem der Reaktionsgeschwindigkeit begann daher in den dreißiger Jahren zahlreiche Gelehrte immer stärker zu beschäftigen. Arnold Eucken sah es auch für sich als notwendig an, das Gebiet der Reaktionskinetik planmäßig in Angriff zu nehmen (128).

Einer der technisch wichtigsten Prozesse ist die Verbrennung organischer Substanzen; aber diese verläuft nicht in einem einzigen Schritt, sondern sie ist ein sehr komplexer Vorgang. Die Primärreaktion mag darin bestehen, daß die organischen Moleküle unmittelbar vor ihrer Oxydation in kleinere Bruchstücke thermisch zerfallen – hierauf hatte schon 1929 Pease (129) hingewiesen –. Z.B. wäre es denkbar, daß aus dem Molekül ein Wasserstoffatom herausgespalten wird, das dann mit einem anderen Molekül des organischen Stoffes reagiert und ein Wasserstoffmolekül neben einem organischen Rest (Radikal) bildet, der seinerseits wieder ein H-Atom abspalten kann. So könnte eine Kettenreaktion entstehen (130). Es wäre aber auch denkbar, daß der Zerfall sozusagen in einem Schritt erfolgte. Stets ist (131) eine vorangehende Aktivierung der Molekel notwendig, und die dafür notwendige Aktivierungsenergie ist durch die Temperaturabhängigkeit der Geschwindigkeitskonstanten der Gesamtreaktion meßbar.

Wie kann ein Molekül aktiviert werden?

Der Gedanke liegt nahe, daß Zusammenstöße von einzelnen Molekeln die Schwingungsenergie erhöhen und dadurch eine Lockerung der Bindungen im so aktivierten Molekül bewirken könnten. Der Frage, ob sich so translatorische Energie in Schwingungsenergie umsetzen läßt, gingen Eucken und Mitarbeiter nach (132). Sie versuchten, diese Frage mit Hilfe der Messung der Schallgeschwindigkeit in Gasen bei hohen Frequenzen, das heißt im Ultraschallgebiet, zu klären (86, 133). Dieses Gebiet erwies sich als experimentell und theoretisch sehr aufwendig. In seinem Lehrbuch der Chemischen Physik (Bd. II,1) hat Eucken die einschlägigen Rechnungen, an denen auch Klaus Schäfer beteiligt war, geschildert. Man hat stets zwischen physikalischen und chemischen Stoßanregungen zu unterscheiden.

Die Schwingungsanregung kann durch verschiedene Grenzfälle beschrieben werden: Einmal kann die aufprallende Molekel beide Atome der schwingungsfähigen Molekel abstoßen; zweitens kann ein Atom der Molekel angezogen und das zweite abgestoßen werden – hier sind chemische Kraftwirkungen unerläßlich –; drittens kann die Molekel senkrecht zur Bindungsebene aufprallen und so eine Störung im Elektronensystem der anzuregenden Molekel verursachen. Auch hier werden größere Wirkungen erhalten, wenn sich chemische Kräfte betätigen – so kann Cl-Cl durch CO angeregt werden, weil die chemische Valenzkraft die Cl-Atome auseinander treibt; denn im $OCCl_2$ ist der Abstand der Cl-Atome größer als im Cl_2 –. J. Franck und Eucken haben in diesem Zusammenhang einfach von einer Störung der Potentialkurven der Stoßpartner gesprochen (132, 133).

Struktur und chemisches Verhalten der Moleküle sind für die Stoßanregung von Belang. Außerdem sind in Betracht zu ziehen: die Polarisierbarkeit des Moleküls, die Schwingungs- und die Rotationsenergie, freie oder gehemmte Rotation und auch die Translation; schließlich ist eine zuvor durch Lichtabsorption angeregte Molekel auch gegen mechanische Stöße empfindlicher. Die gesamte Zustandssumme des Moleküls ist von Bedeutung. Zu all diesen Problemen hat Eucken zahlreiche Versuche angeregt, die vor allem von Bartholomé, Sachsse, Hunsmann und Lothar Meyer durchgeführt und von Klaus Schäfer theoretisch untermauert wurden. Manchmal waren Studien der Ultrarot- und Raman-Spektren hilfreich.

Patat und Bartholomé (134) haben dann viele Versuche der Eucken-Schule, von Lindemann, von Hinshelwood und Mitarbeitern, von Volmer und seiner Schule und von anderen (135) ausgewertet. Sie zogen in Erwägung, daß es nicht die Übertragung von Translations- in Schwingungsenergie sei, die die Aktivierung auslöst, sondern die direkte Übertragung der Schwingungsenergie von einem Molekül auf das andere. Eucken und Nümann (136) haben sich dieser Auffassung angeschlossen. Damit wurde nun der thermische Zerfall organischer Moleküle näher betrachtet: Äthan z.B. zerfällt beim Erhitzen in Äthylen und Wasserstoff, Alkohole, Aldehyde, Ketone, und auch cyklische Kohlenwasserstoffe können thermisch zersetzt werden, und es erhob sich die Frage: Wie geht diese Zersetzung nach der ersten Anregung vor sich?

Der erste Schritt bei dem thermischen Zerfall könnte die Bildung eines H-Atoms oder eines Radikals (CH_3 oder auch CH_2) sein. Die Suche nach der Primärreaktion wurde also auch zur Suche nach Radikalen und einer etwa durch diese ausgelösten Kettenreaktion. Patat und Sachsse (135) sowie Küchler und Theile (137) untersuchten vor allem den Äthanzerfall. Die Deutung der Versuchsergebnisse hat gewechselt. Radikale wurden stets gefunden; aber zunächst glaubte man den weiteren Reaktionsablauf ohne eine Ausbildung von Kettenreaktionen deuten zu sollen (138). Später hat man dann Radikalketten angenommen (137). Die Frage, ob die Menge der Radikale ausreicht, um eine Kettenreaktion zu „zünden", blieb offen (139).

Zur weiteren Klärung der Frage, ob bei dem homogenen Zerfall organischer Moleküle Radikale auftreten, die dann Kettenreaktionen auslösen – entsprechend einem Bild von Rice und Herzfeld (140) –, zog Patat den photochemischen Zerfall von Methyl- und Äthylalkohol heran (141). Außerdem wurde der thermische und photochemische Zerfall von Azomethan gründlich studiert (142). Bei dem letztgenannten Prozeß ist die Quantenausbeute offenbar 1 und zeigt keine Abhängigkeit von der Temperatur. Es treten CH_3-Radikale auf (neben N_2). Eine weitere Reaktion der CH_3-Radikale mit Azomethan ist aber so gehemmt, daß sich zwei CH_3-Gruppen zu C_2H_6 kombinieren und nicht im Sinne einer Kettenreaktion weiterreagieren. Hierdurch verlor die Rice-Herzfeldsche Kettentheorie für monomolekulare Zerfallsprozesse ihre Bedeutung als allgemeingültiges Schema. Es war aber nicht auszuschließen, daß sie in einzelnen Fällen und insbesondere bei hohen Temperaturen der Wirklichkeit entspricht.

Es wurde vermutet, daß die Verhältnisse bei ringförmigen Verbindungen einfacher liegen könnten als bei alipathischen Ketten, und daher wurde der Zerfall des Cyklohexens untersucht, der glatt zu Äthylen und Butadien führt (143). Auch Cyklohexan und Cyklopentan wurden herangezogen. Hier liegen komplexere Mechanismen vor (144).

Eucken betonte immer wieder die Gültigkeit des Franck-Condon-Prinzips, d.h.: „Eine Reaktion, welcher Art sie auch sein mag, ist nur dann möglich, wenn vorübergehend eine Konstellation der verschiedenen Atomkerne hergestellt wird, die sowohl mit dem molekularen Bau der Ausgangsstoffe als auch dem der Endprodukte verträglich ist. Denn der eigentliche chemische Umsatz kommt durch eine praktisch augenblicklich verlaufende Umgruppierung irgendwelcher Valenzelektronen zustande; während der Umgruppierung können daher einzelne Atome oder Atomgruppen ihre gegenseitige Lage nicht merklich ändern."

Dieses Prinzip bewährte sich auch bei der thermischen Zersetzung des Dioxans, bei der Küchler (145) eine Primärreaktion über CH_2-Radikale wahrscheinlich machen konnte, diese Radikale sind ja im Dioxan vorgebildet, und sie können dann auch eine Kettenreaktion auslösen bzw. als Kettenträger dienen.

Methodisch spielte bei diesen kinetischen Untersuchungen stets die Verfolgung der Geschwindigkeitskonstante in Abhängigkeit vom Druck eine Rolle sowie die „Parawasserstoffmethode" (146).

Hierbei wurde die Tatsache ausgenutzt, daß sich Parawasserstoff bei Gegenwart von H-Atomen rasch in Orthowasserstoff umwandelt (Geib und Harteck[6]). Die Umwandlungsgeschwindigkeit ist eine Funktion der Konzentration von H-Atomen. Mißt man die Umwandlungsgeschwindigkeit, so kann man die Menge der H-Atome berechnen. Auch die Menge an CH_3 ist berechenbar, wenn man voraussetzt, daß sich CH_3 mit H_2 zu CH_4 umsetzt.

Schwerer Wasserstoff – schweres Wasser

Von Wasserstoff gibt es zwei (eigentlich drei) Isotope, die sich durch ihr Atomgewicht unterscheiden. Zunächst schrieb man dem Wasserstoff das Atomgewicht 1 zu. 1931 entdeckte Urey aber das Wasserstoffisotop H^2. Für die Wasserstoffmolekel ergab sich nun die Tatsache, daß es neben H^1H^1 den Isowasserstoff, H^1H^2 (der Name stammt von Meissner und Steiner), und den Diwasserstoff, H^2H^2, gibt. Außerdem sind die Modifikationen Ortho- und Para-Wasserstoff zu berücksichtigen. Eucken hatte sich mit den kalorischen Werten von H^1H^1 ausführlich befaßt. Seine Schüler Klaus Clusius und Ernst Bartholomé untersuchten nun gründlich den Isowasserstoff (148) und den „schweren" Diwasserstoff, D_2 (149). Klaus Schäfer interessierte sich besonders für die zwischenmolekularen Kräfte in ortho- und para-H_2 und D_2, d.h. für die Abweichung vom Zustand des idealen Gases und für die dies beschreibende Größe, den zweiten Virialkoeffizienten (150). Eine Deutung der Unterschiede der Dampfdrücke von H_2 und D_2 wurde ebenfalls versucht (151), und schließlich wurde auch der kondensierte schwere Wasserstoff betrachtet (152). Dieses Kapitel der Thermodynamik wurde also ausgebaut und abgerundet. Anknüpfend an die alten thermodynamischen Ergebnisse bei leichtem Wasserstoff konnten H_2, HD und D_2 umfassend verglichen werden. Mit den Daten für die Wärmeleitfähigkeit wurde ein analytisches Verfahren zur Bestimmung des Deuterium-Gehaltes in Wasserstoff ausgearbeitet (153). Schließlich trug Eucken 1936 vor der Société française de Physique zusammenfassend über die thermischen Eigenschaften von normalem und schwerem Wasserstoff vor.

In den 30er Jahren wandten sich Eucken und seine Schüler dem schweren Wasser, D_2O, zu. Die Konstitution des schweren Wassers konnte mit Hilfe des Ultrarotspektrums erforscht und als analog dem H_2O festgestellt werden (155). Dann beschäftigte man sich ausführlich mit der Gewinnung von schwerem Wasser. Eucken versuchte, den Trennfaktor, der die Elektrolyse bestimmt, die technisch durch Norsk Hydro-Elektrisk Kvaelstofaktieselskab durchgeführt wird, genauer zu definieren (156). Als praktisches Ergebnis fand er, daß es zweckmäßig

---

[6] Z. Phys. Chem. Leipzig (B) 15 (1931) 116.

ist, an der Kathode eine große Sauerstoffbeladung aufrecht zu erhalten. Kommutierter Gleichstrom sollte günstiger sein als normaler Gleichstrom.

Nach dem Studium der thermischen Eigenschaften des schweren Wassers (157) erschien der Gedanke naheliegend, schweres und normales Wasser durch fraktionierte Kristallisation oder fraktioniertes Schmelzen zu trennen. Die Schmelzkurve bzw. die Solidus-Liquidus-Kurve der Mischungen von D_2O und H_2O (D_2O schmilzt bei 3,4 °C) (158) sieht auf den ersten Blick nicht sehr erfolgversprechend aus, und die ganze Frage wird dadurch noch kompliziert, daß es ja nicht nur *eine* Eisart gibt und daß neben H_2O und D_2O auch mit HDO zu rechnen ist.

Große Eismassen, die aufschmelzen und teilweise auch wieder kristallisieren, gibt es in Europa in den Alpengletschern. Eucken und Klaus Schäfer dachten, daß sich an diesen vielleicht eine Differenzierung von H_2O und D_2O beobachten lassen könnte. 1934 hielt sich Eucken auf dem Jungfraujoch auf und entnahm Eisproben vom großen Aletschgletscher. Grindelwaldgletscher, Eigergletscher, Tschingelgletscher und Morteratschgletscher wurden ebenfalls in die Untersuchung einbezogen (160). Der Gehalt des Gletscherzungeneises an schwerem Wasser sollte durch Dichtemessungen ermittelt werden. Im Herbst 1935 wurden diese Untersuchungen an Gletscherzungen des Berner Oberlandes und des Wallis fortgeführt (161). Natürlich war die Methode der Probennahme nicht wissenschaftlich korrekt – und dies war Eucken sehr wohl bewußt –. Es ergibt Unterschiede, ob man das Eis an der Gletschersohle entnehmen kann, oder ob man Oberflächeneis entnimmt. Die Art der Gletscherzunge, die Geschwindigkeit der Bewegung des Eises in unterschiedlichen Entfernungen von der Oberfläche spielen eine Rolle. Eucken konnte damals diese Fragen, die auch heute noch untersucht und vielleicht gelöst werden, nicht weiter verfolgen; aber diese Tätigkeiten müssen dem begeisterten Alpinisten viel Spaß gemacht haben. Anregend waren die Arbeiten; das wissenschaftliche Ergebnis war gering.

Wasser und Alkohole

Die Gestalt

Schon bei den kinetischen Arbeiten und den Arbeiten über metallische Zustände hatte sich neben der Frage nach den Kräften zwischen den Molekülen die Frage nach der Gestalt aufgedrängt.

Beim Gas ist bei hohen Temperaturen völlige Unordnung das Normale. Den Gegensatz dazu bildet der Kristall mit bestimmten Symmetrieeigenschaften und sowohl einer Nahordnung als auch einer Fernordnung der Moleküle oder Ionen. Zwischen *idealem Gas* und *idealem Kristall* liegt die Wirklichkeit: das reale Gas und seine Kondensation, die Flüssigkeit und ihre Verfestigung und der Festkörper mit seinen Umwandlungen und besonderen Reaktionen. Mit der ganzen Breite dieser Wirklichkeit hat sich Eucken beschäftigt.

Bei den Flüssigkeiten fällt schon bei äußerlicher Betrachtung noch etwas Besonderes auf: das Phänomen der Assoziation. Dies kommt weitgehend dadurch zustande, daß sich an der Oberfläche eines Moleküls ein Kraftzentrum befindet, das auf ein lokalisiertes Kraftzentrum eines anderen Moleküls Anziehung ausübt (162). Eucken versuchte, das Assoziationsproblem modellmäßig zu erfassen, und er wählte als Beispiele Alkohole und Wasser. Den wichtigsten empirischen Zugang bildete die Messung der Molwärme und die Berechnung der Assoziationswärme aus deren Temperaturabhängigkeit (163). Bei den Alkoholen konnte eine Kettenassoziation (164) bis zu 8 Molekeln wahrscheinlich gemacht werden. Die Aggregate verschiedener Größe unterscheiden sich bemerkenswerterweise erheblich in ihrer Entropie.

Beim Wasser besteht die Assoziation in der Bildung von Zweier-, Vierer- und Achter-Aggregaten (165).

Die Assoziation wird verändert, wenn man Fremdstoffe in Wasser auflöst (166). Es gelang, hierfür rechnerische Ansätze auszuarbeiten.

Im Wasser nimmt die Anzahl der Achter-Aggregate mit steigender Temperatur ab. Sie haben einen erheblichen Volumenbedarf und sind wahrscheinlich für die thermischen Anomalien des Wassers verantwortlich. Eucken dachte bei den Achter-Aggregaten an großräumige Strukturen, durch deren Aneinanderfügen sich ein „eisartiges" Tridymitgitter aufbauen ließe. Diese Vorstellung von der Assoziation des Wassers ließ sich durch Messungen der Schallgeschwindigkeit und der Kompressibilität bestätigen (167).

Für schweres Wasser gilt prinzipiell Analoges (168). In D_2O ist bei normalem Druck und tiefen Temperaturen die Zahl der Achter-Aggregate größer als in H_2O. Auch für die dadurch bedingten Anomalien des schweren Wassers (154) lieferte Eucken rechnerische Ansätze.

Bei diesen Arbeiten erfreute sich Eucken der Mitarbeit z.B. von E. U. Franck (163). Damals arbeitete auch unter seiner Leitung ein ganz junger Student, dem Eucken das Studium der Physik empfohlen hatte und in dem der Menschenkenner den genialen Wissenschaftler erkannt hatte: Manfred Eigen. Eigen begann sein wissenschaftliches Werk mit calorimetrischen Messungen an schwerem Wasser; er promovierte mit 23 Jahren im Jahr 1951, 16 Monate nach dem Tod von Eucken (169).

Es ist nicht genug zu wissen, man muß auch anwenden

Arnold Eucken war ein Gelehrter, der frühzeitig erkannte, daß die Technik ein selbständiges Kulturgebiet ist, das in die Neuzeit gehört. Er verstand, daß einer Zeit großer Erkenntnisse eine Zeit hemmungsloser Nutzung der Natur folgen mußte, und daß es notwendig ist (170), diese verständlichen Nutzungsbestrebungen zu lenken, damit sie nicht zum Schaden, sondern zum Nutzen der Menschheit ausgewertet werden können.

An der Technischen Hochschule Breslau war Eucken in Berührung mit Industriellen und Technikern gekommen. Hier wird ihm das Goethewort deutlich geworden sein: „Es ist nicht genug zu wissen, man muß auch anwenden." Er erkannte: Eine Zusammenarbeit der „reinen" – theoretischen – Wissenschaften mit den „angewandten" – technischen – Fächern mußte fruchtbar sein. Um physikalische, chemische und physikalisch-chemische Vorgänge vorteilhaft auszunutzen, ist es notwendig, den Vorgang möglichst vollständig zu beherrschen. Dies kann durch technische Versuche – durch Ausprobieren – geschehen, durch empirisch zu bestimmende Faktoren ermittelt werden oder durch ein eingehendes physikalisch-chemisches Studium. Eucken schrieb dazu: „Die Ausführung technischer Versuche hat den Vorteil, daß man durch sie verhältnismäßig rasch zu konkreten Ergebnissen gelangt, die unmittelbar für die praktische Nutzanwendung von Bedeutung sind. Es besteht bei ihnen aber ... wenig Aussicht, bis zu einer ... vollständigen Beherrschung des Vorgangs vorzudringen. Umgekehrt führt die physikalisch-chemische Forschung zunächst meist zu Erkenntnissen, die nicht unmittelbar von praktischer Bedeutung sind, doch wird man durch sie in die Lage versetzt, ein tieferes Verständnis für den Ablauf des ... Vorgangs zu gewinnen ... Beide Verfahren ergänzen daher einander. In der Tat zeigen die bisherigen Erfahrungen auf ... Teilgebieten der Technik (z.B. der Hüttenkunde, der Metallkunde usw.), daß man durch eine gleichzeitige planmäßige Anwendung beider Verfahren ... eine immer vollkommenere Beherrschung der Probleme gewinnen kann." (171)

In diesem Sinne baute Eucken seine Beziehungen zur Technik in Göttingen weiter aus. Als Mitarbeiter holte er Gerhard Damköhler, der ihm von Kasimir Fajans empfohlen worden war, in sein Institut. Dieser war nicht nur ein unschätzbarer Helfer bei der literarischen Arbeit, sondern er wurde zum „founder of chemical reaction engineering" (172). So wurde z.B. das Problem der Verbrennung der Kohlenwasserstoffe in bezug auf Technik untersucht. Auf Anregung von Eucken begann Damköhler Studien über Gasreaktionen, die an Kontakten unter technischen Bedingungen ablaufen (173). Versucht wurde, die Einflüsse von Strömungsgeschwindigkeit, Diffusion und Wärmeübertragung auf die Leistung von Reaktionsöfen zu erfassen. Obgleich eine Vielzahl von Parametern zu berücksichtigen war, gelang es Damköhler durch wechselseitiges Vorantreiben von Theorie und Experiment, Grundlagen für dieses Problem der Verfahrenstechnik zu schaffen und dem Techniker Formeln für die Berechnung von Eckdaten an die Hand zu geben.

Zahlreich sind die Arbeiten, die auch auf anderen Gebieten dem chemischen Apparatewesen dienten (174). So wurde Grundsätzliches zu der Bedeutung von Wärmekapazität und Wärmeleitung fester Stoffe für die Verfahrenstechnik geklärt (85), an thermischen Trennverfahren gearbeitet (175) und vor allem versucht, die wissenschaftliche Forschung über Adsorption und Energieübertragung für das chemische Apparatewesen erkennbar und nutzbar zu machen. Aber auch ganz neue Verfahren – z.B. das Wirbelschichtverfahren – wurden noch unter

Euckens Schirmherrschaft von Trawinski, einem Doktoranden von Wicke, erforscht (176).

Eucken sah klar, daß das Energieproblem eine zentrale Bedeutung für jede Nation, ja für die Menschheit, besitzt. Ihn interessierte deshalb die Gasverflüssigung, die theoretischen Grundlagen (177) zur Ermittlung der Daten für ein effektiveres Arbeiten, und dabei besonders das Methan (178), von dem man sich eine Verwendung als Treibstoff für Lastkraftwagen mit beschränktem Aktionsradius erhoffte. Ganz klar war es Eucken, daß die fossilen Brennstoffe (Erdöl, Kohle) in absehbarer Zeit verbraucht sein müssen. Die Wasserkraft hielt er für ausbaubar; aber Bewegungen der Atmosphäre (Windkraft), Ebbe und Flut und auch der Sonnenstrahlung gab er keine großen Chancen, weil ihnen die Konzentration großer Energiebeträge fehlt: „Die zur Verfügung stehenden Energiemengen sind zwar an sich recht erheblich, aber erstens sind sie sehr erheblichen zeitlichen Schwankungen unterworfen, und zweitens sind sie auf so große Flächen oder Räume verteilt, daß ihre Zusammenfassung zu ... Kraftwerken ... auf nahezu unüberwindliche Schwierigkeiten stoßen wird." Schon 1940 hielt es Eucken aber für möglich, die Kohlenenergie durch „Prozesse" zu ersetzen, „die beim Zerfall des Atomkerns (speziell des Urans)" auftreten. Er zeigte hier einen erstaunlichen Weitblick, obgleich er gleichzeitig anmerkte, daß er die Entwicklung der Kernenergie weder für billig noch für bequem hielt. Da solche angedeuteten Möglichkeiten noch in weiter Ferne lagen, versuchte Eucken zunächst den Blick auf sparsameren Verbrauch der fossilen Brennstoffe zu lenken, und in diesem Zusammenhang erörterte er die Verwendung der sogenannten Kaltdampfmaschinen und besonders der Luftwärmepumpen zu Heizzwecken (179).

Der Verein Deutscher Ingenieure nutzte die Kenntnisse von Eucken in einem Fachausschuß, der speziell eine bessere theoretische Durcharbeitung der in der chemischen Technik benutzten Herstellungsverfahren zum Ziel hatte.

Das literarische Werk

Das weitgestreute wissenschaftliche Werk von Arnold Eucken wurde ergänzt durch eine fast unvorstellbare literarische Produktion. L. Ebert hat 1944[7] das Werk „gewaltig" genannt, „wie es in solcher Fülle seit Wilhelm Ostwald nicht mehr vorkam, in dieser systematischen Geschlossenheit und folgerichtig unbeirrter Vollendung aber noch nie da war".

Die literarische Arbeit erforderte viel Einsatz an Arbeitsdisziplin und Arbeitszeit. Der Eucken-Mitarbeiter Patat (180) hat berichtet, er habe noch lange nach Mitternacht Licht im Arbeitszimmer des Chefs gesehen, wenn er zufällig allein oder mit Freunden am Hause Euckens vorbeikam.

Was hat Eucken geschrieben?

---

[7] Laudatio zum 60. Geburtstag, Wien. Chem.-Ztg. 47 (1944) 135.

In seinen frühen Jahren besorgte Eucken zusammenfassende Berichte über seine eigenen Arbeiten und die Arbeiten der Nernstschen Schule. Er schrieb auch heute noch lesenswerte Darstellungen zur Thermodynamik in den „Fortschritten der Chemie, Physik und physikalischen Chemie" aus den Jahren 1911 und 1912 (181) und erstellte 1913 die deutsche Ausgabe der in der Geschichte der älteren Quantentheorie wichtig gewordenen Berichte über den „Solvay-Kongress" (29). Nach dem Krieg wurde dann 1922 der „Grundriss der physikalischen Chemie" geschrieben – ein Buch, das für den Bedarf der Chemiestudenten gedacht war (182). Tatsächlich hat dieses Buch Hunderte von Chemikern auf ihrem Studienweg begleitet.

Die erste Auflage enthielt 492 Seiten. Das Werk hat bis zum Jahr 1959 10 Auflagen erlebt, und die 10. Auflage enthielt 740 Seiten.

Der „Grundriß" war sehr klar geschrieben; aber leicht zu lesen war er nicht. Manche Studenten zogen daher die „leichtere Kost" in Form des Lehrbuches von John Eggert (183) vor, der ebenfalls aus der Nernst-Schule kam. – Aber das Buch von Eucken stand jedenfalls im Schrank. –

Die Unterrichstätigkeit in Breslau veranlaßte Eucken, 1928 zusammen mit R. Suhrmann die „Physikalisch-chemischen Praktikumsaufgaben" zu verfassen. Dieses Werk wurde nach dem Tod Euckens von Suhrmann bis 1964 fortgeführt.

Frühzeitig begann eine Arbeit an den großen Handbüchern der Chemischen Physik. 1926 wurde Band III von Müller-Pouillets Lehrbuch der Physik, der Band „Wärmelehre", geschrieben und Rudolf Eucken gewidmet (184) und 1928 Band 8/1 des Handbuchs der Physik von Wien-Harms. Zu Beginn der 30er Jahre folgte – zusammen mit K. L. Wolf (185) – die Herausgabe des Hand- und Jahrbuchs der Chemischen Physik (186). Schließlich gehört hierher auch das Werk „Landoldt Börnsteinsche Tabellen", das später von Klaus Schäfer betreut wurde.

Um der industriellen Forschung zu dienen, übernahm Eucken zusammen mit Max Jakob 1930 die Herausgabe des Handbuchs „Der Chemie-Ingenieur". Dabei wurde an alle Mitarbeiter die Anforderung gestellt, daß sie mit der Wissenschaft in ihrer ganzen Breite vertraut waren und über praktische Erfahrung verfügten (187).

Das Werk hatte großen Erfolg, und davon zeugen unter anderem die Eucken-Schüler, die in der Großindustrie in leitende Stellungen gelangten und von denen hier nur Ernst Bartholomé, Werner Hunsmann, Leopold Küchler und Franz Patat, von den jüngeren H. Friz, H. Nonnenmacher, W. Fresenius genannt seien.

Daß Eucken größere Aufsätze sowohl für die DECHEMA schrieb wie auch für den Verein Deutscher Ingenieure (VDI), ist danach selbstverständlich.

1930 erschien das Opus magnum: „Lehrbuch der Chemischen Physik" – zunächst in einem Band, später in drei Bänden. Mitgewirkt an diesen Bänden haben E. Bartholomé, G. Joos, Klaus Schäfer und F. Sauter. Im Vorwort der zweiten Auflage werden noch Edward Teller und Franz Patat als Helfer erwähnt. Eucken wollte, daß diese Bücher hilfreich für Fortgeschrittene sein sollten; gewisse Vorkenntnisse wurden daher vorausgesetzt, wenn auch versucht wurde, mit einer verhältnismäßig elementaren Mathematik auszukommen. Der Aufbau des Werkes (188) nahm auf Didaktik keine Rücksicht – und das war für Fortgeschrittene auch nicht nötig. Das Ziel war: das Grenzgebiet zwischen Physik und Chemie vollständig und exakt darzustellen und dabei „dem Ganzen den einer deduktiven Entwicklung entsprechenden Aufbau zu geben". Die Konstitution der Materie war das zentrale Problem. Im ersten Band begann es mit den Atomen und deren Zusammentreten zu Molekeln. Ein zweiter Teil galt den sogenannten Makrozuständen der Materie, d.h. den Gasen, den Flüssigkeiten und den Festkörpern. Für die erwünschte deduktive Betrachtung fehlte aber, wie Eucken selbst klar sah, noch das theoretische und praktische Rüstzeug. Rechner für die Lösung komplexer Probleme gab es noch nicht. So mußte ein großes Gewicht auf die Erörterung von Näherungsverfahren gelegt werden und – besonders im zweiten Teil – auf statistische Methoden und deren Anwendung. Das Ziel, das sich das Lehrbuch gesteckt hatte, war anspruchsvoll: Es sollte der Spezialisierung entgegenwirken und so auf diesem Teilgebiet der Naturwissenschaften ein Stück „Universitas" erhalten. In Wissenschaft und Technik sollte das Lehrbuch helfen, die chemischen Reaktionen mit Hilfe physikalischer Konstanten beschreibbar und voraussehbar zu machen. Um dieses Ziel zu erreichen, bot sich ein so umfassendes Material an Tatsachen und Theorien an, daß man eine Auswahl treffen mußte, und es gehört zu den größten Leistungen Euckens, daß er die richtige Auswahl treffen konnte. Er schreibt dazu: „Es liegt wohl in der Natur der Sache, daß bei dieser Auswahl die Untersuchungen des eigenen Arbeitskreises des Verfassers etwas stärker berücksichtigt wurden als die über das gleiche Gebiet veröffentlichten Arbeiten anderer Autoren." Trotz dieser Einschränkung gibt das Werk den Stand der Physikalischen Chemie in Euckens Zeit gut wieder.

Dem Bestreben, einen größeren Überblick über die Naturwissenschaften zu ermöglichen, diente wohl auch die Übernahme der Redaktion der „Naturwissenschaften" durch Arnold Eucken nach dem zweiten Weltkrieg.

Als Eucken begann, seine Lehrbücher zu schreiben, wollte er zunächst seine Schüler mit dem notwendigen Wissen ausstatten, dann der Physik und der Chemie in ihrer ganzen Breite dienen, dann der Technik helfen. Daneben aber benutzte Eucken sein literarisches Werk als „Zügel seiner wissenschaftlichen Phantasie" und als „Zaumzeug für die von ihm so geschätzten Ritte ins Unbekannte" (180). Nach Aussage von Franz Patat bedurfte es eines solchen Zaumzeugs; denn die Stärke Euckens lag im Vortasten in wissenschaftliches Neuland. Hier sei als Beleg nur eine Schrift aufgeführt:

1944 legte Eucken der Akademie zu Göttingen eine Monographie vor: „Physikalisch-chemische Betrachtungen über die früheste Entwicklungsgeschichte der Erde". Ein Ritt ins Unbekannte und gleichzeitig ein Versuch, die thermodynamischen Kenntnisse von Gasen und von einem Metall wie dem Eisen in den Dienst der Astronomie und der Geologie zu stellen (189)! Die Vielschichtigkeit des Problems ließ es in diesem Fall bei dem Versuch bleiben. Aber auch hier wurde ein exaktes Ergebnis erzielt: Die Kuhn-Rittmannsche Hypothese vom Erdkern (kondensierte Solarmaterie) wurde mit Hilfe physikalisch-chemischer Daten widerlegt (190).

Wer war der Wissenschaftler Arnold Eucken?

– 45 –

Als Kind seiner Zeit, das am 3. Juli 1884 geboren war und am 16. Juni 1950 starb, war Eucken eingebettet in das deutsche Bildungsbürgertum mit der großen Allgemeinbildung, dem Gefühl der Verantwortung, dem traditionellen Fleiß. Er war dem mehrfachen Wandel aller Werte ausgesetzt, und er wandelte sich vom deutschen Professor zum universellen Gelehrten.

Er war ein fanatischer Arbeiter mit hohen Ansprüchen an sich und andere, der alle Ergebnisse kritisch betrachtete. Er war ein ideenreicher homo ludens. Er war ein Enzyklopädist und gleichzeitig ein Erforscher der subtilen Einzelheiten. Er war Praktiker und Visionär, Lehrer und Zuchtmeister – und Freund.

Der Wissenschaftler Arnold Eucken lebt fort im Werk seiner Schüler, so z. B. im Werk von Klaus Clusius, E. Ulrich Franck, Franz Patat, Klaus Schäfer, Ewald Wicke – um hier nur einige zu nennen, die als Hochschullehrer tätig waren –.

Die Theorie von der chemischen Bindung und von der Reaktionsfähigkeit der Stoffe, vom chemischen Gleichgewicht, von der Adsorption und von der Katalyse ist ohne dieses Gesamtwerk nicht denkbar.

Eucken hat das gesamte Gebiet der physikalischen Chemie entscheidend mit aufgebaut, und er hat das gesamte Gebiet überschaut. Der rechte Mann für diese Aufbruchzeit!

LEHRBUCH DER CHEMISCHEN PHYSIK

VON

ARNOLD EUCKEN

OÖ. PROFESSOR UND DIREKTOR DES INSTITUTS FÜR PHYSIKALISCHE CHEMIE
DER UNIVERSITÄT GÖTTINGEN

DRITTE AUFLAGE

I. BAND

DIE KORPUSKULAREN BAUSTEINE DER MATERIE

UNTER MITWIRKUNG VON

Dr. habil. E. BARTHOLOMÉ-Mannheim
Prof. Dr. G. JOOS-Dayton/Ohio, Prof. Dr. KLAUS SCHÄFER-Heidelberg
Prof. Dr. F. SAUTER-Göttingen

MIT 233 FIGUREN

1949

AKADEMISCHE VERLAGSGESELLSCHAFT
GEEST & PORTIG K.-G., LEIPZIG

LEHRBUCH DER CHEMISCHEN PHYSIK

VON

ARNOLD EUCKEN

O. Ö. PROFESSOR UND DIREKTOR DES INSTITUTS FÜR PHYSIKALISCHE CHEMIE
DER UNIVERSITÄT GÖTTINGEN

ZWEITE, VOLLKOMMEN NEU BEARBEITETE AUFLAGE

II. BAND

MAKROZUSTÄNDE DER MATERIE

IN GEMEINSCHAFT MIT
Dozent Dr. KLAUS SCHÄFER-Göttingen

2. TEILBAND

KONDENSIERTE PHASEN UND HETEROGENE SYSTEME

MIT 249 FIGUREN

LEIPZIG 1944
AKADEMISCHE VERLAGSGESELLSCHAFT
BECKER & ERLER KOM.-GES.

Die Bücher von Arnold Eucken

Grundriß der physikalischen Chemie. Akademische Verlagsgesellschaft Leipzig.
1.–3. Auflage (1922–1927), 540 Seiten.
4. Auflage, überarbeitet (1934), 699 Seiten.
5. Auflage, überarbeitet (1942), 715 Seiten.
6. Auflage (1944), Nachdruck (1948), 720 Seiten.
7. Auflage, Leipzig, jetzt Akad. Verlagsges. Geest und Portig (1951), überarbeitet, 740 Seiten.
8.–10. Auflage, jetzt Eucken-Wicke (Leipzig 1956–1959), 740 Seiten.

Müller-Pouillets Lehrbuch der Physik. 11., neu bearbeitete Auflage Bd. III1 (Braunschweig 1926), 1155 Seiten. Der „Müller-Pouillet" war damals eines der meistbenutzten Lehrbücher. Er ging auf das 2bändige Werk von Cl. Pouillet zurück, „Elements de Physik et de Météorologie" (1827). Folgerichtig hieß die Übersetzung von J. H. J. Müller „Lehrbuch der Physik und Meteorologie" (1842). Die 10. Auflage (Braunschweig 1905–1915) enthielt schon 4 Bände und die 11. Auflage (Braunschweig 1925–1934) 5 Bände mit 14 Teilbänden. Herausgeber waren A. Eucken, O. Lummer und E. Waetzmann.

A. Eucken widmete den Teilband III1 seinem Vater Rudolf Eucken zum 80. Geburtstag.

Physikalisch-chemische Praktikumsaufgaben von A. Eucken und R. Suhrmann.
1. Auflage (Leipzig 1928), 240 Seiten.
2. erweiterte Auflage (1948), 324 Seiten.
3. neubearbeitete Auflage (1952), 329 Seiten.
4.–6. Auflage (Leipzig 1954–1964), ergänzt und bearbeitet von R. Suhrmann.

Energie und Wärmeinhalt. Band VIII1 des Wien-Harmsschen Handbuchs der Experimentalphysik (Leipzig 1930), 25 Bände mit 45 Teilbänden. Band VIII1 mit 718 Seiten.

Lehrbuch der Chemischen Physik (Leipzig 1930), 1. Auflage, 1037 Seiten.
2. Auflage, verbessert und geteilt (Leipzig 1938–1950).
Band I, Die korpuskularen Bausteine der Materie (Leipzig 1938), 717 Seiten.
3. Auflage, vollständig neu bearbeitet (mit Kl. Schäfer) (Leipzig 1948), 524 Seiten (unter Mitwirkung von E. Bartholomé, G. Joos und F. Sauter).
Band II1, Makrozustände der Materie, allgemeine Grundlagen, Gase (mit Kl. Schäfer), 2. Auflage (1943), 524 Seiten, 3. Auflage (1950), 524 Seiten.

Band II2, Makrozustände der Materie, kondensierte Phasen und heterogene Systeme (mit Kl. Schäfer), 2. Auflage (1944), 1005 Seiten, 3. Auflage (1949), 1013 Seiten.

Hand- und Jahrbuch der Chemischen Physik. Herausgegeben von A. Eucken und K. L. Wolf, unter Mitwirkung von bewährten Fachleuten (Leipzig (1931–1943), 9 Bände.

Der Chemie-Ingenieur. Handbuch der physikalischen Arbeitsmethoden in chemischen und verwandten Industriebetrieben (Leipzig 1932–1940). Herausgegeben von A. Eucken und M. Jakob.

Teil 1 1 Hydrodynamik (Leipzig 1934), 539 Seiten.
    2 Mechanische Materialtrennung (Leipzig 1933), 385 Seiten.
    3 Thermisch-mechanische Materialtrennung (Leipzig 1933), 327 Seiten
    4 Elektrische und magnetische Materialtrennung (Leipzig 1934), 309 Seiten.

Teil 2 1 Kontroll- und Regeleinrichtungen (Leipzig 1932), 108 Seiten.
    2 Mengenmessungen im Betrieb (Leipzig 1933), 274 Seiten.
    3 Messungen von Zustandsgrößen im Betrieb (Leipzig 1933), 275 Seiten.
    4 Phys.-chemische Analyse im Betrieb (Leipzig 1933), 388 Seiten.

Teil 3 1 Phys.-chemische und wirtschaftliche Gesichtspunkte für die Durchführung einer Operation (Leipzig 1937), 564 Seiten.
    2 Apparative Durchführung chemischer Operationen, allgemeiner Teil (Leipzig 1938), 523 Seiten
    3 Operationen bei normalem Druck und Temperatur (Leipzig 1939), 332 Seiten
    4 Hochdruckoperationen (Leipzig 1939), 267 Seiten.
    5 Hochtemperatur-Operationen (Leipzig 1940), 676 Seiten.

Landolt-Börnsteins physikalisch-chemische Tabellen.
1. Auflage (Berlin 1883); 2. Auflage (Berlin 1894), bis zur 3. Auflage (Berlin) bearbeitet von H. Landolt und R. Börnstein.
4. Auflage (Berlin 1912), bearbeitet von R. Börnstein und A. Roth.
5. Auflage (Berlin 1936), bearbeitet von A. Roth und K. Scheel.
6. Auflage (Berlin, Göttingen und Heidelberg ab 1951), herausgegeben von A. Eucken. Später A. Eucken † und K. H. Hellwege.

Lehre

Arnold Eucken – ein deutscher Professor

Wahrheit suchen durch Wissenschaft. Das alte Ziel der deutschen Universität war auch das Ziel von Arnold Eucken. Er stimmte mit der Auffassung von Jaspers überein, daß die Aufgabe der Universität Forschung, Unterricht, Erziehung (Bildung) und Kommunikation sei. Das Grundanliegen war ihm die Forschung, der Überlieferung der Wahrheit sollte der Unterricht dienen, und dieser sollte nicht nur in der Überlieferung von Kenntnissen und Fertigkeiten bestehen, sondern vielmehr die Formung des ganzen Menschen bewirken.[8] Offenheit für alles, Infragestellen von Überliefertem mit der ganzen Gefahr des „sapere aude", davon ließ sich Eucken offensichtlich leiten. Wenn seine ehemaligen Schüler von ihm sprechen, dann ist stets Achtung vorhanden, vielfach Bewunderung, manchmal Begeisterung und Liebe. Sie haben offenbar etwas von dem Geist, der ihnen hier entgegenwehte, verspürt und ihn in ihre Tätigkeit in meistens ganz andere Wirkungskreise hineingetragen.[9] Eucken suchte die schöpferische Kraft in den Absolventen der Universität zu wecken; und er war ein Feind des Spezialistentums, so sehr er die gründliche Durchdringung eines Spezialgebietes begrüßte.

1938 schrieb Eucken für den VDI: „Man sollte unbedingt der eigentlichen Grundlagenforschung nach wie vor völlige Freiheit in ihrer Entwicklung lassen; dies ist allein schon aus dem Grund nötig, weil man ja hier nach vollkommen neuen Erkenntnissen sucht und daher unmöglich eine bestimmte Marschrichtung vorschreiben kann. Alles kommt hier auf die Initiative und die schöpferische Kraft des einzelnen Forschers an."

Eucken machte es sich selbst nicht leicht. Er wußte, daß zu einem guten Forscher und Lehrer viel Arbeit gehört. In dieser Hinsicht war er hart gegen sich und andere, abweisend, ja schroff, wenn er mangelnden Ernst vermutete oder Gedankenlosigkeit sah. Gegenüber bewährten Kollegen und Schülern konnte er aber auch liebenswürdig, ja gütig sein.

---

[8] 1946 besprach Eucken in den „Naturwissenschaften" die Schrift von Karl Jaspers „Die Idee der Universität". Darin wird Euckens Auffassung, die weitgehend mit der von Jaspers übereinstimmte, deutlich.

[9] Friedrich Förster schrieb, daß im Euckenschen Institut eine hochwissenschaftliche Atmosphäre geherrscht habe – auch Förster trug wissenschaftlichen Geist in die Technik, die sein Ziel war, hinein.

Die Aufgabe der Universität läßt sich nur erfüllen, wenn gute Professoren an ihr tätig sind. Eucken hat sich daher nie der Verpflichtung entzogen, Gutachten zu Berufungsfragen zu schreiben. Noch als er in Breslau war, schaltete er sich auf Bitten seiner Kollegen in die Berufung des Anorganikers auf den großen Lehrstuhl an der Technischen Hochschule Dresden ein. Das gleiche galt für den Lehrstuhl in Frankfurt, der ihm selbst zugedacht gewesen war. Über die Diskussion, die seinen eigenen Lehrstuhl in Breslau betraf, war Eucken unglücklich. Wie stets hatte der scheidende Lehrstuhlinhaber wenig zu sagen. Eucken empfahl damals K. L. Wolf, von dem er noch nicht ahnte, daß er sich später mit Hitler-Regime und Deutscher Physik und einer entsprechenden „Gestaltlehre" identifizieren würde – Debye warnte schon damals –. Schließlich war Eucken mit der endgültigen Nachfolge nicht unzufrieden. In den Berufungslisten kamen schon damals klangvolle Namen vor, z. B. von Hevesey, zu dem allerdings der Dresdner Senat gesagt haben soll – Hevesey hatte das Element Hafnium entdeckt – „schließlich erfindet jeder einmal etwas", A. Simon. W. Biltz, A. Magnus (für Frankfurt), aber auch P. A. Thiessen, der 1930 Direktor des Anorganisch-Chemischen Instituts in Göttingen wurde und dann im Dritten Reich Karriere machte. In diesem „Dritten Reich" wurde der Einfluß Euckens geringer. Er hatte sogar große Schwierigkeiten, eigene gute Mitarbeiter zur Habilitation zu führen. Nur Klaus Clusius erhielt rasch (1934) eine Professur. In einem Schreiben vom Juni 1937 klagt Eucken gegenüber seinem ehemaligen Schüler Dr. Rudolf Becker darüber, daß man „sein Institut zu einem Torso mache", und daß es bitter für ihn sei, daß es nicht gelungen sei, für einen seiner Schüler wie Patat, Sachsse oder Bartholomé eine Dozentur zu erreichen. Bei Bartholomé nahm man am katholischen Bekenntnis Anstoß.

Man traute im Hitler-Reich Eucken nicht. Er wurde nicht Mitglied der NSDAP und erklärte dies nach Ausweis seiner Personalakte am 1. 9. 1935 ausdrücklich; und er hatte auch „anstößige" Assistenten.

So hatte Eucken aus Breslau als Assistenten und Leiter seines Praktikums Dr.-Ing. Lothar Meyer mitgebracht. Nach Aussage von Rudolf Becker wurde starker Druck auf Eucken ausgeübt, sich von Meyer zu trennen. Tatsächlich emigrierte Meyer nach USA. Eucken verlor damit eine besonders wertvolle Hilfe; denn Meyer war auch Vorlesungsassistent und half bei der Beurteilung der sich bewerbenden Doktoranden, die zuerst vor der Annahme ein kleines Aufnahmekolloquium machen mußten. Auch der hochbegabte Postdoktor Edward Teller emigrierte zunächst nach England und dann nach den USA, wo er zu hohen Ehren kam. Der sehr begabte Helmut Jaacks litt an Epilepsie und hatte dementsprechend Schwierigkeiten als „Erbkranker" – er ist früh gestorben –. Solche Schwierigkeiten paßten nicht in das Bild der Universität, das sich Eucken auch unter dem Einfluß seines Elternhauses gemacht hatte.

Nach dem Krieg diente Eucken der Universität wieder wirkungsvoll. 1945 berief ihn die britische Militärregierung in das „German Scientific Advisory Council",[10] und hier konnte er am Wiederaufbau helfen.

Für die Universität Göttingen war das nützlich. Schon 1945 machte seine Fakultät[11] Arnold Eucken zum Dekan, und als solcher mußte er das schwere Amt übernehmen, unter den entlassenen Kriegsheimkehrern diejenigen auszusuchen, die die überfüllten naturwissenschaftlichen Institute aufnehmen konnten und wollten. Helmut Trawinski hat berichtet, daß Eucken ganz allein, ohne Sekretärin, im Dekanat saß und riesige Papierstöße vor sich hatte. Die Assistenten mußten sich um das Institut kümmern. Der junge Trawinski, der in der Warteschlange gestanden hatte, bot seine Mithilfe an und half von da an dem Dekan bei der Routinearbeit. Trawinski wurde dann Physikochemiker und war einer der letzten, die unter der Ägide von Eucken bei Ewald Wicke promoviert wurden. Eucken versuchte zu helfen, und die ehemaligen Kriegsgefangenen kamen irgendwie – und manchmal mit Tricks von Trawinski, über die Eucken hinwegsah, an der Universität unter. Das galt auch für die Immatrikulation von Studentinnen, der Eucken skeptisch gegenüberstand („Ach, die Damen suchen hier doch nur einen Mann und brechen das Studium dann vorzeitig ab, nachdem sie die Studienplätze für Neueintretende blockiert haben.").

Eucken blieb bis 1947 Dekan und mußte in dieser Zeit die Arbeit im Institut weitgehend seinen Assistenten Ewald Wicke und Ulrich Franck, die beide sehr angesehene Professoren geworden sind, überlassen. Hilfe hatte Eucken vor allem auch durch seine langjährige Sekretärin, Frau A. Quentin.

Arnold Eucken war ein gebildeter Mensch, mit der klassischen Philologie vertraut. Die klassische deutsche Literatur war ihm lieb, und zu seiner Entspannung las er vorwiegend geschichtliche Werke; die Philosophie Kants beeinflußte ihn. Trotzdem war ihm die praktische Anwendung der Wissenschaft ein Bedürfnis. So setzte er sich für einen Ausbildungsgang für Chemieingenieure ein, und zwar für die eines Chemieingenieurs mit Schwerpunkt Maschinenbau und eines anderen mit Schwerpunkt Chemie. Er war sich einig mit Rudolf Plank und erreichte, daß junge Verfahrensingenieure von Karlsruhe zur weiteren Ausbildung in das Institut für physikalische Chemie nach Göttingen kamen – bei der Dissertation in Karlsruhe wirkte dann Eucken mit –, und daß andererseits Doktoranden von Eucken zeitweise bei Plank in Karlsruhe studierten. Eucken wurde so zum Wegweiser für den Beruf des Technischen Chemikers.

Der Universität und besonders der Chemie waren die Beziehungen Euckens zur Industrie nützlich; denn er konnte immer wieder Geld einwerben, mit dem er Apparate anschaffte, Assistenten und Hilfskräfte einstellte und schließlich auch den Doktoranden nach Abschluß des Studiums zu Stellungen verhalf. Die Ruhr-

---

[10] R. Vierhaus u. G. v. Broke: Forschung im Spannungsfeld von Politik und Gesellschaft, Stuttgart 1990.

[11] Mathematisch-Naturwissenschaftliche Fakultät.

industrie und die IG-Farben-Fabriken mit dem Freund Matthias Pier waren hier besonders hilfreich.

Arnold Eucken – der Hochschullehrer

Als akademischer Lehrer war Arnold Eucken ebenso pflichtbewußt und einsatzfreudig wie als Wissenschaftler. Regelmäßig las er dreisemestrig je zwei Wochenstunden eine „Einführung in die Physikalische Chemie". Die Vorlesung wurde von den Studenten meistens mit dem dritten Studiensemester beginnend gehört, und der Turnus muß dementsprechend unbequem gewesen sein. Daß die Vorlesungen schon um 8 Uhr begannen, ließ sich dagegen verschmerzen. Ein Einführungspraktikum von jeweils 3 Wochenstunden wurde am Sonnabend vormittag abgehalten. Für die höheren Semester las Eucken zweistündige Spezialvorlesungen. Jeden Monat gab es einmal ein Institutskolloquium, in dem Doktoranden über ein aktuelles Thema vortrugen. Bei allen Veranstaltungen mußte der Hörer oder Mitarbeiter damit rechnen, daß Eucken Fragen stellte, um sich davon zu überzeugen, daß der Stoff auch verstanden worden war. Das war für die Studierenden und die jüngeren Kollegen manchmal hart. Trawinski berichtet, daß im Kolloquium öfter der Satz fiel: „Das steht doch alles schon in Wiedemanns Annalen von achtzehnhundertsoundso." Mit altbekannten Dingen oder gar Geschwätz konnte man nicht antreten. Scharf wurde auch im Physikalischen Kolloquium, das Eucken regelmäßig besuchte, diskutiert. Aber wenn Eucken von den Argumenten eines Jüngeren überzeugt war, dann konnte er sehr liebenswürdig und hilfreich sein. So haben ihn z.B. Otto Haxel oder G. O. Schenck erlebt.

Wie in der Chemie und Physik üblich, galt ein beträchtlicher Teil der Unterrichtstätigkeit dem „großen" Praktikum, das ganztägig ein Semester lang zu absolvieren war. Die Studierenden mußten sich vor der Zulassung zu diesem Praktikum einem Eingangskolloquium unterziehen. Sie werden dann im Praktikum nicht nur von den theoretischen Kenntnissen, sondern auch von dem großen experimentellen Geschick von Eucken und seinen für das Praktikum ausgewählten Assistenten profitiert haben.

Gelegentlich machte sich Eucken selbst die Freude, eine Abendvorlesung für ein allgemeineres Publikum zu halten. So las er einmal „Große Naturwissenschaftler". Dabei sparte er nicht mit Anekdoten – z.B. daß Galilei drei uneheliche Kinder gehabt habe.

Eine besondere Betreuung ließ aber Eucken seinen Doktoranden zukommen. Jeden Montag machte er einen Rundgang und ließ sich vom Fortschreiten der Arbeiten berichten. Da er ungeduldig war, mußte gelegentlich „versetzt" berichtet werden; d.h. man hob sich den Bericht über einige gelungene Experimente für die folgende Woche auf, in der man vielleicht nicht so viel zu sagen hatte. Die Diskussion mit Eucken muß stets anstrengend, aber auch anregend gewesen sein.

Eucken als Hochschullehrer: sehr angesehen, nicht immer einfach zu verstehen, gefürchtet und geliebt.

Das Privatleben – Meilensteine

Nach der Hochzeit 1912 lebten die Euckens in Berlin, in der Tile-von-Wardenberg-Straße, unweit vom Institut. Man hatte eine Wohnung mit fünf Zimmern, Küche und Bad. Für den Haushalt hatte Fritzi eine erfahrene Haushaltshilfe. Sie hatte wenig zu tun; aber in Berlin gab es Freunde, und Unterhaltungen gab es in der Großstadt viel mehr als in der Heimatgemeinde.

Arnold war viel im Institut und arbeitete zu Hause an seiner ersten größeren literarischen Arbeit: „Die Verhandlung des Conseil Solvey 1911".

Am 13. Juni 1914 wurde das erste Kind, der Sohn, Hans Joachim Karl Rudolf Eucken, geboren. Man war sehr stolz auf diesen Sohn, war es doch geradezu die „Pflicht" einer jungen Frau um die Jahrhundertwende, einen Sohn zu gebären – eine Tochter zählte nicht so viel –.

Schnell fand das Familienidyll ein Ende; denn kurz danach brach der erste Weltkrieg aus. Das bedeutete für Arnold Eucken eine Trennung von Frau und Kind, bis er an die Schallmeßschule in Köln-Wahn kommandiert wurde. Nach Honnef und später Rhöndorf konnte Eucken seine Familie nachkommen lassen. Wie das mit dem Gehalt eines Reserveleutnants von jährlich 5120 M zu machen war, ist schwer vorstellbar. In Wahn wurde am 12. März 1918 die Tochter Margarethe Athenäa Paula geboren. Die Verhältnisse waren schwierig, da Fritzi schwer an Typhus erkrankt war, Mutter und Kind getrennt werden mußten und dementsprechend das Kind nicht gedeihen wollte.

Inzwischen war der Ruf an die Technische Hochschule Breslau erfolgt, dem am 1. 1. 1919 nachgekommen werden konnte. Nun besserten sich die finanziellen Verhältnisse zwar etwas; aber in Breslau war keine Wohnung zu finden. So zog man in das Dorf Oberweistritz. Hier wurde am 26. Juli 1919 die Tochter Annemarie Erna Sophie geboren. Diese Geburt muß nicht einfach gewesen sein, und Fritzi konnte sich mit den Verhältnissen im Dorf Oberweistritz so wenig abfinden, daß sie zur Erholung nach Berlin zurückging. Die Kinder blieben in der Obhut einer Kinderfrau. Da Arnold in Breslau arbeitete, war die Familie wieder getrennt. Da griff Vater Rudolf Eucken ein und kaufte seinem Sohn ein kleines Haus in Zobten am Berge. 1920 konnte sich die Familie hier vereinigen. In Zobten war ein idyllisches Leben möglich, wie es von vielen Intellektuellen in der damaligen Zeit angestrebt wurde. Man hielt Kaninchen, Hühner und Enten, und Arnold Eucken konnte an den Wochenenden mit seinen Kindern spielen, Ausflüge machen und sie mit der Tierliebe vertraut machen, die er selbst besaß. Fritzi hatte Hilfe durch ein Hausmädchen und eine Kinderfrau, und an den Wochenenden konnte sie nach Breslau fahren – und dort in der Mansarde des Instituts wohnen –, um die Anregungen der großen, lebendigen Stadt zu genießen.

Doch bald wurde die Familie wieder getrennt. Der Sohn, den man „Hajo" nannte, sollte auf eine höhere Schule gehen, und die gab es in Zobten nicht. So kam der junge Eucken in das Haus seiner Großeltern nach Jena und besuchte in Jena das Gymnasium, in dem auch sein Vater ausgebildet worden war.

Am 15. 9. 1926 starb in Jena Rudolf Eucken – bis zuletzt von seiner Frau Irene liebevoll umsorgt. Irene Eucken muß eine ganz besondere Frau gewesen sein. Sie stand nicht nur dem Haushalt vor, sondern sie war auch eine Malerin, deren Werke das Lob wirklicher Kenner errang, und sie hatte außerdem in ihrem Haus eine Stickereiwerkstatt errichtet, in der nach ihren eigenen Entwürfen gearbeitet wurde. Von Irene hat ihre Schwiegertochter Edith Eucken-Erdsiek geschrieben, „in deren Nähe man stärker zu leben glaubt als sonst". Aber trotzdem fühlte sich der Tertianer-Enkelsohn Hajo im Hause in Jena nach dem Tod des Großvaters nicht mehr wohl. So entschloß sich Arnold Eucken, seinen Sohn wieder nach Hause zu holen und selbst mit seiner Familie nach Breslau zu ziehen. Dies geschah am 1. 12. 1927. In Breslau hatten alle Kinder die Möglichkeit, eine höhere Schule zu besuchen.

Noch in Zobten hatte man die Inflation überstanden. Die Geldentwertung in den frühen zwanziger Jahren wird deutlich, wenn man sieht, wie hoch das Gehalt von Eucken für Juli 1923 war: 1 720 000 M, und damit und mit den dauernd steigenden Preisen ließ sich in dem kleinen Ort besser wirtschaften als in der Großstadt. Als man nun nach Breslau kam, erhielt Eucken etwa 13 000 RM im Jahr, und davon konnte er eine schöne Wohnung mit neun Zimmern mieten und genügend Personal einstellen. Eine Erzieherin betreute die kleinen Mädchen, und ein Hausmädchen half der Hausfrau. Das Leben war bequem und harmonisch.

Die schöne Zeit in Breslau ging bald zu Ende. 1929 erreichte der Ruf nach Göttingen Arnold Eucken, und am 1. 4. 1930 zog die Familie abermals um.

In Göttingen konnte sich Arnold Eucken noch besser beruflich verwirklichen. Er konnte ein für damalige Zeiten einmalig schönes Institut aufbauen, und viele junge Chemiker und Physiker kamen zu ihm, um bei ihm zu arbeiten und zu lernen. Zunächst war der Umzug gar nicht so einfach. Der Möbeltransport dauerte lange. Drei Dienstreisen – eine nach Berlin und zwei nach Göttingen – wurden vom preußischen Ministerium für Kunst und Wissenschaft genehmigt. Dazu erhielt Eucken ein Tagegeld von 14 RM und ein Übernachtungsgeld von 10 RM; das Gehalt betrug 13 600 RM jährlich zuzüglich etwa 4 000 RM Vorlesungsgebühren. Bald kamen dazu noch Einnahmen aus dem Verkauf der Lehrbücher von etwa 6 000 RM jährlich. So konnte eine bequeme Wohnung in der Bürgerstraße und später ein Haus in der Merckelstraße am Hainberg gemietet werden. Dort stand Arnold Eucken im Mittelpunkt eines großen Haushalts, in dem für ihn jederzeit gesorgt wurde. Er hatte viel Zeit für Unterricht und Lehre. Studenten, Mitarbeiter und Freunde wurden häufig und gut bewirtet, und dazu halfen neben Fritzi Eucken auch eine Zofe und eine Köchin. Die Kinder machten Freude, denn in der Schule kamen sie gut mit; sie waren nur dort etwas übermütig. Die Schulzeit ging für Hajo Eucken dann auch schon schnell zu Ende; denn er bestand, noch nicht 17 Jahre alt, 1931 das Abitur.

Im Jahr 1931 wurde dann den Euckens das vierte Kind geboren: die Tochter Angelika. Sie war die ganze Freude der Eltern und wurde ängstlich behütet. Das Leben der Familie schien in geordneten Bahnen zu verlaufen. Arnold Eucken arbeitete viel, fuhr dann aber auch für kürzere Zeit in die Alpen, um zu wandern oder Ski zu laufen. - Einmal brach er sich auch bei einer Skitour mit Werner Heisenberg das Bein. -

Die Zeit des Glücks war nach nicht ganz sieben Jahren zu Ende. Am 31. 8. 1937 stirbt die Tochter Angelika. Fritzi Eucken bricht darüber zusammen, und es bedarf großer Geduld und viel Einfühlungsvermögens, um sie in ein normales Leben zurückzubringen.

Die älteren Kinder suchen und finden ihren eigenen Weg. Eucken macht sich Sorgen um seinen hochbegabten Sohn, der sich zu seinem Kummer nicht für Naturwissenschaft interessiert, sondern die Bahn und die Logistik des Transportwesens im Kopf hat. Daran ändert sich auch nichts, nachdem Eucken seinen Sohn zunächst nach Barcelona und dann nach Freiburg schickte, um vielleicht eine Laufbahn im diplomatischen Dienst vorzubereiten. So wird schließlich eine Laufbahn bei der Reichswehr ins Auge gefaßt, und Hajo tritt dort 1933 als Kanonier und Offiziersanwärter ein; eine Laufbahn im Generalstab ist vorgesehen.

Von den großen Töchtern, die beide am 7. 3. 1938 das Abitur bestehen, interessiert sich die ältere, Margaret, für Naturwissenschaften und möchte Physik studieren, die jüngere hat kein rechtes Ziel. Diese Pläne sind Eucken auch nicht recht; denn er glaubt nicht so ganz daran, daß eine Frau das schwere Studium der Physik durchhalten könne - ganz abgesehen davon, daß damals sich auch nach abgeschlossenem Studium keine Stellen als Physikerin anboten. Schließlich ist er mit einem Studium der Chemie einverstanden. Doch zunächst ging Margaret vom 1. 4. bis 30. 9. 1938 in den Arbeitsdienst nach Löningen. Annemarie nahm eine Stelle als Sekretärin auf dem Gut Pilgrim bei Frankfurt/Oder an. So wird das Haus leer.

Bedrückend wird für Eucken die politische Situation. Er verliert langsam den Glauben an Deutschland, der ihm immer viel bedeutet hatte. Es ist schwer, zu erleben, wie Kollegen und Freunde, die teilweise Weltkriegsteilnehmer waren wie er selbst, aus dem Land gejagt werden. Er erkennt, daß Hitler den Untergang des Vaterlands bedeutet. Eucken unternimmt noch Vortragsreisen ins Ausland: nach Österreich, Paris, London - und später auch nach Italien und Spanien; aber solche Reisen waren nicht ohne Schwierigkeiten zu bewerkstelligen. Stets mußte bei Auslandsreisen die Genehmigung des Ministeriums eingeholt werden, und diese wurde nur zögernd erteilt; eine Vortragsreise nach Holland wurde überhaupt nicht genehmigt. Daß in jedem Fall, und sei es nur für 14 Tage, ein Vertreter für die Institutsgeschäfte benannt werden mußte, ist selbstverständlich.

1939 kam dann der Krieg und die große Sorge um das Schicksal des Sohnes, der dann am 12. 9. 1942 vor Stalingrad fällt. Eucken fühlt sich schuldig; denn er selbst war es ja gewesen, der dem Sohn geraten hatte, zum Militär zu gehen. Daß Hajo gerade die Einberufung zum Generalstab erhalten hatte, war kein Trost.

Das Schicksal der Töchter ließ sich besser an.

Margaret studierte zunächst in Göttingen und ging dann am 1.1.1941 nach Innsbruck und im August 1941 als Werkstudentin zu „Lindes Eismaschinen" nach Höllriegelskreuth bei München. Am 1.10.1941 bestand sie das Diplomchemikerhauptexamen in Innsbruck. Sie ist dann nach Göttingen zurückgekehrt, um eine Doktorarbeit bei Dr. Otto Westphal zu machen. Nach abgeschlossenem Examen suchte sie sich eine Stelle, die sie als Assistentin am Chemischen Institut der Universität Halle fand. Dort war sie dann vom 1.4.1944 an.

Annemarie entschloß sich, Dolmetscherin zu werden, ging zum Arbeitsdienst nach Mecklenburg und studierte dann in Hamburg.

Als Eucken den Cannizzaro-Preis erhielt, stand für ihn Geld in Italien bereit, und er beschloß, seiner Tochter ein Weiterstudium in Perugia zu ermöglichen. Annemarie ging also nach Perugia. Anschließend arbeitete sie praktisch als Dolmetscherin bei der deutschen Armee in Neapel, und 1943 studierte sie am Dolmetscher-Institut der Universität Heidelberg.

Inzwischen aber hatten sich für Arnold Eucken weitere Schicksalsschläge ereignet. Am 18.9.1941 stirbt in Jena die Mutter Irene Eucken, der sich Arnold stets verbunden und geistesverwandt gefühlt hatte. Das Eucken-Haus in Jena, Botzstraße 5, verwaist nun, obgleich die Schwester Ida, die eine beachtliche, stattliche und begabte Frau gewesen sein muß, noch versucht hat, das Erbe ihres Vaters, z.B. den Euckenbund,[12] zu bewahren. Aber auch Ida Eucken stirbt am 16.10.1943. Anläßlich dieses Todes kommen dann Arnold und sein Bruder Walter noch einmal in Jena zusammen, um den Haushalt aufzulösen.

Der engste Kreis um Arnold Eucken wird nun sehr klein – es wird einsam.

Es kommen noch helle Tage: die Reise nach Spanien und dann vor allem die Feier des 60. Geburtstages am 3.7.1944. Nach einem Festkolloquium, bei dem Ernst Bartholomé die Laudatio hielt, versammelten sich die ehemaligen Schüler Arnold Euckens im Garten seiner Wohnung. R. Suhrmann war aus Breslau gekommen, K. Clusius aus München, F. Patat aus Hoechst, Bartholomé aus Ludwigshafen, H. Sachsse auch aus Ludwigshafen, E. Wicke aus Jüterbog, wo er zu dieser Zeit Kriegsdienst leistete, und viele andere. Die alten Zeiten lebten wieder auf. In diesen Tagen konnte man auch den Krieg vergessen, dessen Schatten natürlich ganz allgemein über dem Leben lagen.

Am 20. Juli 1944 kam dann noch etwas Besonderes hinzu: An diesem Tag erfolgte das Attentat auf Adolf Hitler. Für Arnold Eucken bedeutete dies, daß er sich große Sorgen um seinen Bruder Walter machen mußte. Dieser war ein bekannter, ja berühmter Nationalökonom geworden und gehörte zu den Beratern von Carl-Friedrich Goerdeler, einem der „zivilen" Köpfe des Widerstands, der die Pläne zum Wiederaufbau des Rechtsstaats entwarf. Man wußte nicht, ob Goerdeler in der Haft den Namen Eucken nennen würde. Dies hätte den Tod von

---

[12] Der Eucken-Bund (The Eucken Society) wurde 1920 mit dem Ziel der Erneuerung des Geisteslebens gegründet und bis zu seinem Tod 1926 von Rudolf Eucken geleitet. Als Zeitschrift erschien 1923 und 1924 monatlich „The Eucken Review" und 1925–1943 „Die Tatwelt". Sie nahm Aufsätze philosophischen, literarischen, religiösen und pädagogischen Inhalts auf.

Walter Eucken bedeuten können, zumal Edith Eucken geborene Erdsiek Halb-
jüdin aus dem Baltikum war – eine Tatsache, die vor den Behörden sorgfältig
verborgen worden war –.

Am 10. 4. 1945 war der Krieg für Göttingen zu Ende. Die Amerikaner rückten
ein, ohne daß die Stadt zerstört worden wäre. Im Hause Eucken normalisierte
sich das Leben, abgesehen davon, daß man im Wohnraum durch Einquartieren
von Flüchtlingen beschränkt war.

Nun kehrte auch die Tochter Margaret für einige Zeit ins Elternhaus zurück.
Als ihre Vorgesetzten und Freunde im Juli 1945 von der amerikanischen Armee
gen Westen gefahren wurden, damit sie nicht den Russen zur Verfügung stehen
konnten, hatte sich Margaret mit dem Fahrrad nach Göttingen aufgemacht. Ab
1. 7. 1948 war sie dann Instructor of Chemistry bei der englischen Armee, bis sie
dann ab 1. 4. 1950 für wenige Monate als wissenschaftliche Assistentin zu Erich
Thilo an die Humboldt-Universität nach Berlin ging – die politische Entwicklung
veränderte dann diese Laufbahn.

Tochter Annemarie war 1945 bis 1948 Dolmetscherin bei der Rhein-Armee in
Oldenburg. Sie heiratete 1949 Aubrey Horace Bishop, mit dem sie nach England
ging und drei Kinder hatte. Über die erste Enkelin hat sich Eucken sehr gefreut.

Ein freudiges Ereignis war dann der 65. Geburtstag, der am 3. 7. 1949 festlich
begangen wurde. Beim Festkolloquium erhielt Eucken noch eine Ehrung, die ihn
besonders erfreute: Er wurde Dr. Ing. E.h. der Technischen Hochschule Karlsruhe.

Trotzdem wurde Arnold Eucken nun immer einsamer. Er hatte an sich und
andere immer hohe Anforderungen gestellt, nun mußte er wissenschaftlich unendlich viel tun, um die neusten Entwicklungen, von denen er jetzt Kenntnis erhielt, in seinem Werk zu berücksichtigen. Unendlich viel mußte er auch tun, um
am Wiederaufbau der Naturwissenschaften in Göttingen an entscheidender
Stelle zu helfen. Er mußte finanzielle Mittel auftreiben, und die Quellen, die er in
den vergangenen Jahren stets erfolgreich angezapft hatte, flossen in der mageren
Nachkriegszeit nicht mehr reichlich. Noch schwieriger war es, den heimkehren-
den Soldaten und Studienanwärtern zu helfen. Er fand zwar Helfer und erkannte
auch jüngere Talente; aber er blieb doch allein, und die Arbeitslast erschöpfte
ihn.

In dieser Situation kam nochmals ein Schicksalsschlag: Am 30. 3. 1950 verstarb
der Bruder Walter Eucken auf einer Vortragsreise in London. Die Ideen von
Walter Eucken zur Marktwirtschaft wurden endlich verwirklicht. Die Welt hörte
auf den deutschen Nationalökonomen. Aber diese Entwicklung hatte Walter
Eucken dann auch erschöpft. Arnold erfuhr vom Tod seines Bruders aus der
Zeitung, und er konnte nicht fassen, daß er, der Ältere, den Jüngeren überleben
sollte. Ein festes Familienband war zerrissen.

So kam es, daß Erschöpfung und Depressionen Arnold Eucken veranlaßten,
am 6. Juni 1950 einen Antrag auf Beurlaubung für 6 Wochen zu stellen. Professor
Schön bescheinigte die Notwendigkeit des Urlaubs.

Damals war Eucken allein zu Hause. Seine Frau befand sich am Chiemsee, eine Tochter war in Berlin, die andere in London. So fuhr auch er selbst an den Chiemsee. Auf dem Weg machte er noch in München halt, um sich auf Krebs untersuchen zu lassen. Ein diesbezüglicher Verdacht bestätigte sich nicht. Am Chiemsee war das Wetter herrlich, und Fritzi hatte sich gut erholt.

So sah Arnold Eucken bestätigt, was er kurz zuvor zu einem jüngeren Kollegen gesagt hatte:[13] Meine Frauen sind gut versorgt. Er glaubte seiner Familie gegenüber keine Pflichten mehr zu haben. Er gab seinen Depressionen nach und schied am 16. Juni 1950 freiwillig aus dem Leben. Den Lebenden kommt es nicht zu, zu rätseln und zu urteilen.

---

[13] Otto Haxel.

Ahlburg, Hayo, geb. 2. 5. 1923 Hamburg. 1940 Studium der Chemie in Berlin, 1946 zu A. Eucken nach Göttingen. 1950 Promotion zum Dr. rer. nat. General Electric Comp. Syracuse N.Y. (Farbfernsehbildschirmbeschichtung), Raytheon Comp. Waltham, Mass. (Elektroluminiszenz). Nach der Pensionierung Arbeiten an mathematischen Problemen.

Ahrens, Hans, geb. 6. 7. 1909 Hanau/Main. 1928 Studium in Göttingen, 1930 bei A. Eucken. Praktikumsassistent, 1934 Promotion zum Dr. phil., 1936 Chem.-Techn. Reichsanstalt Berlin, explosive Stoffe. 1949 westfälische Berggewerkschaftskasse, Bergbauversuchsstrecke Dortmund-Derne.

Arrhenius, Swante, geb. 19. 2. 1859 Gut Vik bei Uppsala, gest. 8. 10. 1927 Stockholm. 1883 Dissertation über die Dissoziation von Elektrolyten. 1884 Promotion bei E. Edlund, Stockholm. Mit Stipendien weitere Studien bei W. Ostwald, F. Kohlrausch, L. Boltzmann, J. H. van't Hoff. 1891 Dozent in Stockholm, Prof. für Physik, 1905 Leiter des Nobelinstituts für physikalische Chemie Stockholm. 1903 Nobelpreis für Chemie.

Aybar, Sureyya. 1940 Gastwissenschaftler bei A. Eucken in Göttingen. Prof. für Chemie in Ankara, Türkei.

Baermann, Hildegard. Dr.-Ing., 1931–1934 wiss. Assistentin bei A. Eucken in Göttingen. Eucken empfahl sie der Phys.-Technischen Reichsanstalt als Mitarbeiterin.

Baetke, Friedrich Wilhelm, geb. 28. 11. 1919 Hamburg. 1938–1940 Studium in Göttingen. Kriegseinsatz. 1947 wieder in Göttingen. 1949 Dipl. Chem. bei A. Eucken, 1951 Promotion zum Dr. rer. nat. bei E. Wicke. 1951 Zellstofffabrik Waldhof-Mannheim, 1971 Papierwerke Waldhof-Aschaffenburg (PWA).

Bartels, E. 1921 bei A. Eucken in Breslau.

Bartholomé, Ernst, geb. 26. 11. 1908 Hardt bei Mönchengladbach, gest. 7. 6. 1990 Heidelberg. 1931 Doktorand bei A. Eucken in Göttingen. Dr. phil., 1936 Habilitation, 1938 BASF Ludwigshafen, 1952 Hon.Prof. für physikalische Chemie in Heidelberg.

Becker, Rudolf, geb. 15. 8. 1908 Herne/Westfalen. Studium der Mathematik in Freiburg. 1932 Doktorand bei A. Eucken in Göttingen, 1934 Promotion zum Dr. phil., 1934 IG-Farben Ludwigshafen. 1945 Hüls, zuletzt Vakuum Oil, Hamburg.

Berger, Walter, geb. 22. 8. 1907 Breslau, gest. 8. 11. 1987 Bonn. Dipl.-Ing. in Breslau, 1931–1934 wiss. Assistent bei A. Eucken in Göttingen, während dessen Promotion zum Dr.-Ing. in Breslau. 1934 IG-Farben Ludwigshafen. 1940 Hydrierwerk Pölitz bei Stettin. 1948 Union Rhein. Braunkohlenkraftstoff AG Wesseling.

Bertram, A. 1934–1936 bei A. Eucken in Göttingen.

Berzelius, Jörn Jakob, geb. 20. 8. 1779 Väversunda, Schweden, gest. 7. 8. 1848 Stockholm. Studium der Medizin in Uppsala. 1802 Adjunkt am Collegium Medicum Stockholm, 1807 Prof. für Medizin und Pharmazie in Stockholm, 1815 für Chemie. Atomgewichtsbestimmung, dualistische elektrochemische Theorie, Entdeckung von Cer, Selen, Lithium und Thorium. Chemische Zeichensprache.

Bewilogua, Ludwig Christian. Dr., 1931–1933 planm. Assistent bei A. Eucken in Göttingen, Urlaubsvertreter. 1933 Assistent bei P. Debye in Leipzig. 1933 Emigration.

Biltz, Johann Heinrich, geb. 26. 5. 1865 Berlin, gest. 29. 10. 1943 Breslau. 1888 Promotion zum Dr. phil. in Göttingen, Assistent in Heidelberg, 1890 Greifswald, Habilitation. 1897 Prof. in Kiel, 1911 in Breslau. Anorganische Chemie.

Biltz, Wilhelm Eugen, geb. 8. 3. 1877 Berlin, gest. 13. 11. 1943 Heidelberg. 1898 Promotion zum Dr. phil. in Greifswald, 1912 Prof. für anorg. Chemie Hannover, 1919 auch Hon. Prof. Göttingen. Feststoffchemie.

Börnstein, Richard, geb. 19. 1. 1852 Königsberg, gest. 13. 11. 1943 Berlin. 1881 Prof. für Physik an der Landwirtschaftl. Hochschule Berlin. Mitherausgeber des Tabellenwerks „Landolt-Börnstein".

Bohr, Niels David Hendrik, geb. 7. 10. 1885 Kopenhagen, gest. 18. 11. 1962 Kopenhagen. 1911 Promotion in Kopenhagen. Weitere Studien bei J. J. Thomson und E. Rutherford. 1916 Prof. der theoretischen Physik in Kopenhagen. Anwendung der Quantenhypothese von M. Planck auf das planetarische Atommodell von E. Rutherford und Schaffung des Bohrschen Atommodells. 1943–1945 Los Alamos, USA, 1945 Kopenhagen. 1922 Nobelpreis für Physik.

Bonhöffer, Karl Friedrich Otto, geb. 13. 1. 1899 Breslau, gest. 15. 5. 1957 Göttingen. 1922 Promotion zum Dr. phil. bei W. Nernst, Berlin, 1922 Assistent von F. Haber. 1930 Prof. für physikalische Chemie Frankfurt/Main, 1934 Leipzig, 1947 Berlin, 1948 Direktor des KWI für Phys. Chemie Berlin-Dahlem, 1949 des MPI für Phys. Chemie Göttingen.

Bosch, Carl, geb. 27. 8. 1874 Köln, gest. 26. 4. 1940 Heidelberg. Schlosserlehre, Studium des Maschinenbaus an der T.H. Charlottenburg. 1898 Promotion in Chemie bei J. Wislicenus in Leipzig. 1898 BASF Ludwigshafen. 1910 Entwicklung der Haberschen Ammoniaksynthese. 1925 Vorstandsvorsitzender der IG-Farben. 1936 Präsident der Kaiser-Wilhelm-Gesellschaft.

Bratzler, Karl, geb 22. 2. 1910 Meßkirch/Kreis Stockach, Baden. 1928 Studium der Chemie in München und Göttingen, 1932 Doktorand bei A. Eucken. 1934 Promotion zum Dr. phil., 1935 Ges. für Linde's Eismaschinen, Höllriegelskreuth. 1937 Lab. f. Adsorptionstechnik Frankfurt/Main, 1950 Lurgi.

Bresler, F. 1927 Promotion zum Dr.-Ing. bei A. Eucken in Breslau.

Brötz, Walter, geb. 4. 5. 1921 Gießen, gest. 11. 10. 1987 Bad Nauheim. 1948 Promotion zum Dr. rer. nat. bei A. Eucken in Göttingen. 1951 Dozent in Aachen, 1948 Ruhrchemie, 1953 wieder Aachen, dann Sachtleben AG. 1960 Hon.Prof. Heidelberg, 1962 Köln. Verfahrenstechnik.

Büchner, Arthur, geb. 13. 3. 1906 Halle/Saale. 1932–1935 bei A. Eucken in Göttingen, 1935 Promotion zum Dr. phil., 1935 Siemens Erlangen. Physikochemiker.

Bunsen, Robert Wilhelm, geb. 31. 3. 1811 Göttingen, gest. 16. 8. 1899 Heidelberg. Studium der Naturwissenschaften in Göttingen, 1831 Promotion zum Dr. phil., 1833 Habilitation mit der Arbeit über gelbes und rotes Blutlaugensalz. 1836 Lehrer der Chemie in Kassel, Arbeiten über Kakodylverbindungen und erste metallorganische Verbindungen. Gasanalyse. 1838 Prof. in Marburg, Begründer der Elektrochemie. Tätigkeit in England über Hochofenprozesse. 1846 Islandreise, Geologie. 1851 Prof. in Breslau, 1852 in Heidelberg. Hofrat. Zusammen mit G. Kirchhoff Spektralanalyse. Entdeckung von Rubidium und Cäsium. Lehrer aller großen Chemiker seiner Zeit.

Buschmann, Karl Friedrich, geb. 2. 5. 1917 Großgraupa/Sachsen, gest. 6. 11. 1973. Studium der Naturwissenschaften in Breslau, Frankfurt/Main, München, 1938 dort 1. Verbandsexamen, 1938 in Göttingen 2. Verbandsexamen, 1941 Promotion zum Dr. rer. nat. bei A. Eucken. Assistent. 1942 Kriegsdienst. 1944 IG-Farben Ludwigshafen, Stickstoff-Abteilung.

Cannizzaro, Stanislao, geb. 13. 7. 1826 Palermo, gest. 10. 5. 1910 Rom. 1847 Promotion in Pisa. 1848 des Landes verwiesen, Prof. Paris und Alessandria (Piemont). 1855 in Genua, wieder des Landes verwiesen. 1861 Palermo, 1871 Prof. und Senator in Rom. Erhob das Atomgewicht zu einer physikalisch-chemischen Konstante.

Carnot, Nicolaus Leonard Sadi, geb. 1. 6. 1796 Paris, gest. 24. 8. 1832 Paris. Sohn des Grafen Nicolas de Carnot. 1824 untersuchte er als erster mit dem nach ihm benannten Kreisprozeß den Wirkungsgrad von Dampfmaschinen. 2. Hauptsatz der Wärmelehre.

Clausius, Rudolf Julius Emmanuel, geb. 2. 1. 1822 Köslin (Pommern), gest. 24. 8. 1888 Bonn. Prof. der Physik in Zürich, Würzburg und Bonn. Einer der Begründer der modernen Wärmelehre. Schuf den Begriff der Entropie und formulierte den 2. Hauptsatz der Wärmelehre.

Clusius, Klaus Paul Alfred, geb. 19. 3. 1903 Breslau, gest. 28. 5. 1963 Zürich. 1922 Studium in Breslau, 1928 Promotion zum Dr.-Ing. bei A. Eucken. Rockefeller-Stipendiat bei C. N. Hinshelwood. 1931 Assistent bei A. Eucken in Göttingen. 1934 Prof. Würzburg, 1936 München, 1947 Zürich. Trennrohr für Isotope.

Correns, Carl W., geb. 19. 5. 1893 Tübingen, gest. 20. 8. 1960 Göttingen. Dr. 1930 Prof. der Mineralogie in Rostock, 1936 Göttingen. Direktor des Sedimentpetrographischen Instituts.

Corte, Heinz. 1946 Promotion zum Dr. rer nat. bei A. Eucken in Göttingen. Danach Zellstofffabrik Waldhof-Mannheim, 1970 Hoechst AG.

Damköhler, Gerhard, geb. 15. 3. 1908 Klingenmünster (Bergzabern), gest. 30. 3. 1944 Braunschweig. Studium in München, 1931 Promotion zum Dr.-Ing. bei K. Fajans. 1934–1937 Assistent bei A. Eucken in Göttingen, 1937 Habilitation. Danach bei E. Schmidt, Institut für Motorenforschung der Luftfahrtforschungsanstalt Braunschweig. Verfahrenstechnik.

Dannöhl, W. 1934 Promotion zum Dr. phil. bei A. Eucken in Göttingen. Zuletzt Batelle-Institut Frankfurt/Main.

Debye, Peter, Joseph Wilhelm, geb. 24. 3. 1884 Maastricht, gest. 2. 11. 1966 Ithaca, USA. 1905 Dipl.-Ing. in Aachen, 1908 Promotion zum Dr. phil. bei A. Sommerfeld in München. 1910 Habilitation. 1911 Prof. der theoretischen Physik in Zürich, 1912 Utrecht, 1914 Göttingen, 1920 Zürich, 1927 Leipzig, 1935 Direktor des KWI für Physik in Berlin. 1940 Cornell Univ. Ithaca, USA. 1936 Nobelpreis für Chemie, Molekularstrukturen, Quantentheorie, Thermodynamik.

Delcker, Gerhard. 1936 Dipl.-Ing. in Karlsruhe. 1936–1938 bei A. Eucken in Göttingen, Arbeiten über Reaktionsöfen. 1938 Promotion zum Dr.-Ing. bei R. Plank und A. Eucken in Karlsruhe. Danach bei E. Schmidt am Inst. für Motorenforschung Braunschweig.

Dennison, David Mathias, geb. 25. 4. 1900 Oberlin O. (Oberhessen?). 1924 Ph. D. Michigan, USA. 1935 Prof. für Physik, Michigan.

Dittrich, Karl. 1924 Dipl.-Ing. in Darmstadt, 1926 Promotion zum Dr.-Ing. bei A. Eucken in Breslau. Danach Papierfabrik AG, Sebnitz/Sachsen.

Döbereiner, Johann Wolfgang, geb. 13. 12. 1780 Bug bei Hof, gest. 24. 3. 1849 Jena. Dr. phil., 1810 Prof. der Chemie und Pharmazie in Jena. Döbereiners Feuerzeug, Katalyse.

Donath, Ernst, geb. 4. 11. 1902 Sternberg/Mähren, gest. 29. 4. 1983 New York. 1926 Promotion zum Dr.-Ing. bei A. Eucken in Breslau. 1926 BASF, Stickstoffabt., 1945 Hydrierabt., Hochdruckversuche. 1946 ausgeschieden, ausgewandert in die USA. Physikochemiker.

D'Or, Leopold. Dr. 1932 bei A. Eucken in Göttingen. Prof. (für phys. Chemie?) in Lüttich.

Drikos, G. Dr. Prof. in Athen. 1937/38 Gastwissenschaftler bei A. Eucken in Göttingen. Arbeitete über Umwandlungen.

Duisberg, Friedrich Karl, geb. 29. 9. 1861 Barmen, gest. 19. 3. 1935 Leverkusen. 1879 Studium der Chemie in Göttingen, 1880 Jena. 1882 Promotion zum Dr. phil. bei A. Geuther in Jena. 1882 Einjährig-Freiwilliger in München und Schüler von A. v. Baeyer. 1884 Farbstoffchemiker bei Bayer in Elberfeld. 1887 Forschungsleiter, 1900 Direktor der Farbenfabrik Bayer. 1916 Gründung der IG-Farben.

Dulong, Pierre Louis, geb. 12. 2. 1785 Rouen, gest. 19. 7. 1838 Paris. Arzt und Physiker, Prof. an der Ecole polytechnique Paris.

Ebert, Johannes Ludwig, geb. 19. 6. 1894 Würzburg, gest. 2. 11. 1956 Wien. 1913–1914 und 1920–1923 Studium in Würzburg, 1923 Promotion zum Dr. phil. bei H. v. Halten. 1924 Rockefellerstipendiat in Kopenhagen und Leiden. 1928 Prof. in Würzburg, 1934 Karlsruhe, 1940 Wien. Physikochemiker.

Eggert, John Emil Max, geb. 1. 8. 1891 Berlin, gest. 29. 9. 1973 Muttenz/Basel. 1914 Promotion zum Dr. phil. bei W. Nernst in Berlin, Vorlesungsassistent. 1921 Prof. der physikalischen Chemie in Berlin, 1928 Leiter des wiss. Zentrallabors der IG-Farben Berlin und Wolfen. 1946 Prof. in München und Prof. der Photographie in Zürich.

Eigen, Manfred, geb. 9. 5. 1927 Bochum. 1947 Studium in Göttingen bei A. Eucken, 1951 Promotion zum Dr. rer. nat., 1958 Mitglied der Max-Planck-Gesellschaft, Direktor des Biophysikalischen Instituts der MPG in Göttingen. Physikochemiker mit großer Auswirkung auf alle Gebiete der Naturwissenschaften. 1967 Nobelpreis für Chemie für die Anwendung von Mathematik und physikalischen Modellvorstellungen in Biophysik und Evolutionstheorie.

Einstein, Albert, geb. 14. 3. 1879 Ulm, gest. 18. 4. 1955 Princeton N.Y. 1896–1900 Studium an der ETH Zürich. 1905 (Experte 3. Klasse am Berner Patentamt) Veröffentlichung von 3 bahnbrechenden Arbeiten zur Relativitätstheorie. 1909 Prof. für theoretische Physik in Zürich, 1910 in Prag, 1912 Zürich. 1913 Direktor des KWI für Physik Berlin. 1933 Princeton N.Y. 1921 Nobelpreis für Physik für seine Beiträge zur Quantentheorie.

Emmerich, Albert, geb. 13. 10. 1920 Köln. 1943 bei A. Eucken in Göttingen, 1945–1947 Vorlesungsassistent, 1947 Promotion zum Dr. rer. nat., Mitglied der Int. Komm. für einheitliche Methoden der Zuckeranalyse. 1978 Generalsekretär.

Emmet, Paul Hugh, geb. 22. 10. 1900 Portland, Oregon, USA. 1925 Ph. D. Cal. Inst. Tech., 1926 US Department Agriculture, Bureau Chem. a. Soils, Washington D.C. BET-Methode zur Messung der Oberfläche von Pulvern.

Englert, Herbert, geb. 6. 9. 1910 Karlsruhe. 1931 Studium des Chemie-Ingenieurwesens in Karlsruhe, 1935 Dipl.-Ing. Assistent bei A. Eucken in Göttingen, 1937 Promotion zum Dr.-Ing. in Karlsruhe, Koreferent A. Eucken. 1937 Edeleanu-Ges. Berlin. Nach dem Krieg Übernahme und Wiederaufbau der Fa. Karl Englert, Eisenwarenfabrik und Feuerverzinkerei.

Etzrodt, A. 1933–1935 bei A. Eucken in Göttingen, dann Siemens/Erlangen.

Eucken, Rudolf Christoph, geb. 5. 1. 1846 Aurich, gest. 15. 9. 1926 Jena. 1863 Studium der Philosophie in Göttingen (R. H. Lotze und G. Teichmüller), 1866 Promotion zum Dr. phil., Dissertation über die Sprache des Aristoteles. 1867–1871 Gymnasiallehrer in Husum, Berlin und Frankfurt/Main. 1871 Prof. der Philosophie und Pädagogik in Basel, 1874 Jena. Geheimer Hofrat. Rufe nach Freiburg (1896) und Tübingen (1904). 1903 D. theol. Gießen. 1908 Nobelpreis für Literatur. Hauptwerke: „Lebensanschauungen der großen Denker" (1890) und „Geschichte der philosophischen Terminologie" (1879).

Eucken, Walter Heinrich, geb. 17. 1. 1891 Jena, gest. 30. 3. 1950 London, auf einer Vortragsreise. Studium der Nationalökonomie in Kiel, Jena und Bonn. 1914 Promotion zum Dr. phil. in Bonn bei H. Schumacher und H. Dietzel. Dissertation: Über die Verbandsbildung in der Seeschiffahrt. 1921 Habilitation in Berlin bei H. Schumacher, Thema: Über die Stickstoffversorgung der Welt. 1923 erschien „Kritische Betrachtungen zum deutschen Geldproblem". 1925 Prof. der Nationalökonomie in Tübingen, 1927 Freiburg. 1939 „Die Grundlagen der Nationalökonomie". – Walter Eucken wird als der Vater der Marktwirtschaft angesehen.

Fajans, Kasimir, geb. 27. 5. 1887 Warschau, gest. 18. 5. 1975 Ann Arbor. Dr. phil. nat., Prof. für physikalische Chemie in München, 1936 Ann Arbor, Michigan. 1956 Stiftung des Kasimir-Fajans-Preises für Chemie.

Fermi, Enrico, geb. 29. 9. 1901 Rom, gest. 28. 11. 1954 Chikago. Prof. für Physik in Florenz und Rom, 1939 Columbia-Univ. New York, 1946 Chikago. 1938 Nobelpreis für Physik für seine Arbeiten zur Quantenmechanik und Quantenstatistik.

Fischer, Emil, geb. 9. 10. 1852 Euskirchen, gest. 15. 7. 1919 Wannsee, Berlin. Prof. in München, Erlangen, Würzburg und 1892 Berlin. Klärte die Struktur organischer Stoffe wie der Zucker und Purine auf. 1902 Nobelpreis für Chemie für erste Synthesen von Aminosäuren und Peptiden.

Förster, Friedrich, geb. 13. 2. 1908 Hundisburg bei Magdeburg. Studium der angew. Elektrizität in Göttingen, 1932 Promotion zum Dr. phil., 1932–1935 Stipendiat bei A. Eucken, danach bei W. Köster am KWI für Metallforschung Stuttgart. 1948 Institut Förster in Reutlingen. Dr.-Ing. E.h., Hon. Prof. Tübingen. Förstersonde.

Foz, Gazulla, O.R. Prof. in Madrid, 1942–1944 Gastwissenschaftler bei A. Eucken in Göttingen.

Franck, Ernst Ulrich, geb. 2. 8. 1920 Hamburg. 1946 bei A. Eucken in Göttingen, Promotion zum Dr. rer. nat., 1956 Habilitation in Göttingen. Prof. für physikalische Chemie und Elektrochemie in Karlsruhe. Phasenübergänge bei Zustandsänderungen, vor allem auch im überkritischen Bereich.

Franck, James, geb. 20. 8. 1882 Hamburg, gest. 21. 5. 1964 Göttingen, auf einer Reise. Mitglied des KWI für physikalische Chemie, Berlin-Dahlem. 1920 Prof. für Physik in Göttingen, 1933 Emigration, 1935 Prof. der Physik John-Hopkins-Univ. Baltimore, 1938 der physikalischen Chemie in Chikago. 1926 Nobelpreis für Physik, gemeinsam mit G. Hertz. Franck-Hertz-Versuch, Nachweis der Quantentheorie im Makromolekularen.

Frege, Gottlob, geb. 8. 11. 1848 Wismar. 1873 Promotion zum Dr. phil. in Göttingen, Prof. der Mathematik in Jena.

Fresenius, Wilhelm, geb. 17. 7. 1913 Berlin. Studium in Frankfurt/Main, München, Heidelberg und 1937 Göttingen. 1939 Promotion zum Dr. rer. nat. bei A. Eucken. 1945 Chemisches Labor Fresenius, Wiesbaden, bald als Leiter. Hon. Prof. Mainz.

Fried, Fritz Albert, geb. 3. 3. 1896 Troppau, gest. 16. 4. 1987. Studium in Breslau, 1926 Promotion zum Dr.-Ing. bei A. Eucken, 1927 BASF.

Friese, Günther, geb. 26. 8. 1920 Duisburg. 1939 Studium in Hannover. Kriegsdienst. 1945 Studium in Göttingen, 1948 Diplom, 1950 Promotion zum Dr. rer. nat. bei A. Eucken. 1937 Zellstofffabrik Waldhof-Mannheim. Zuletzt Alusuisse Zürich.

Friz, Hans, geb. 27. 5. 1920 Heilbronn. 1945 Studium in Tübingen, 1948 Göttingen. 1950 Diplom bei A. Eucken, 1952 Promotion zum Dr. rer. nat. bei E. Wicke, Vorlesungsassistent. 1953 BASF-Oppau.

Gehlhoff, Georg. 1912 einer der ersten Doktoranden oder Mitarbeiter von A. Eucken in Berlin.

Goller, Hildegard, geb. 1. 8. 1920 Reutlingen. 1947 Diplom bei A. Eucken in Göttingen. Danach Heirat mit W. Jawtusch.

Gonzales, Barredo, J.A. Dr. 1944 Gastwissenschaftler bei A. Eucken in Göttingen. Madrid, später Wissenschaftler in Chikago.

Goubeau, Joseph, geb. 31. 3. 1901 Augsburg, gest. 18. 10. 1990 Stuttgart. Studium in München, 1926 Promotion zum Dr. phil. bei O. Hönigschmidt. Assistent. 1928 Assistent bei E. Zintl, Freiburg, 1929 bei L. Birckenbach, Bergakademie Clausthal. 1935 Habilitation. 1937 Göttingen, 1940 Prof. für anorg. Chemie. 1951 Stuttgart. Schwingungsspektroskopie, Bestimmung von Kraftkonstanten, Borchemie.

Grimm, Hans Georg, geb. 20. 10. 1887 Hamburg, gest. 25. 10. 1958 Gauting. Studium der Nahrungsmittelchemie in München, Promotion bei K. Fajans. 1924 Prof. für physikalische Chemie in Würzburg. 1928 Forschungslabor der IG-Farben Oppau. Hon. Prof. Würzburg und München.

Grosskinsky, Otto, geb. 3. 11. 1893 Neckarmühlbach/Bad. Dr. phil. nat., 1940 Ges. für Kohlentechnik Dortmund-Eving. 1953 Hon. Prof. Münster. Mitherausgeber der „Brennstoffchemie".

Grotjahn, Heinz, geb. 26. 4. 1923 Hildesheim. 1943 Studium der Chemie in Göttingen, 1947 Dipl.-Chem. bei A. Eucken, 1949 Promotion zum Dr. rer. nat., 1949 Glanzstoff GmbH Köln, 1956 Glanzstoff-Fabriken Aachen, 1967 zentrale Forschung Obernburg.

Grützner, H. G. 1927 Promotion zum Dr.-Ing. bei A. Eucken in Breslau.

Güttner, H. 1935 Promotion zum Dr. phil. bei A. Eucken in Göttingen. 1935 Siemens, Erlangen.

Gutzmer, August, geb. 2. 2. 1860 Neu Roddan bei Neustadt a. d. Dosse. 1881 Studium der Mathematik Berlin. 1893 Promotion zum Dr. phil., 1896 Habilitation für Mathematik in Halle/Saale, 1899 Prof. in Jena.

Haber, Fritz, geb. 9. 12. 1868 Breslau, gest. 29. 1. 1934 Basel. Studium in Heidelberg, Zürich und Berlin. 1891 Promotion zum Dr. phil. bei C. Liebermann, Berlin. 1894 wiss. Assistent T.H. Karlsruhe, Arbeiten zur Synthese des Ammoniaks aus den Elementen. 1898 Prof. der physikalischen Chemie in Karlsruhe. 1911 Direktor des KWI für physikalische Chemie Berlin. Maßgebende Beteiligung an der Entwicklung und dem Einsatz von Gaskampfstoffen im 1. Weltkrieg. 1933 Emigration nach England. 1918 Nobelpreis für Chemie für die Ammoniak-Synthese (Haber-Bosch-Verfahren).

Harteck, Paul, geb. 20. 7. 1902 Wien, gest. 21. 1. 1985 Santa Barbara (Calif.). 1921–1924 Studium in Wien und Berlin. 1926 Promotion zum Dr. phil. bei M. Bodenstein, Berlin. 1928 Gastwissenschaftler bei A. Eucken in Breslau. 1929 Assistent bei K. F. Bonhöffer, Leipzig. 1934 Prof. der physikalischen Chemie in Hamburg. 1951 Troy, USA. Thermodynamik.

Hartmann, Hermann, geb. 4. 5. 1914 Bischofsheim/Rhön, gest. 22. 10. 1984 Glashütten. Promotion 1941 bei P. Wulff (München). 1943 Habilitation in München. 1949 apl. Prof., 1952 Prof. für physikalische Chemie in Frankfurt/Main. Quantentheorie der Materie, Theorie der chemischen Bindung, Komplexchemie.

Hauck, Frederik Hans, geb. 7. 11. 1898 Lübeck. 1914–1917 Kadett, 1917 Leutnant, Kriegseinsatz. Studium der Chemie in Breslau. 1925 Dipl.-Ing., 1927 Promotion zum Dr.-Ing. bei A. Eucken.

Haxel, Otto, geb. 2. 4. 1909 Neu-Ulm. Studium in München und Tübingen. 1933 Dr. phil., 1939 Dozent der Physik Berlin, 1949 Prof. in Göttingen. 1950 Prof. in Heidelberg, 1970 Direktor des Kernforschungszentrums Karlsruhe. Dr.-Ing. E.h. Kernphysik, Aufbau der Atomkerne.

Hedden, Kurt, geb. 8. 3. 1927 Schmalenfleth. 1947 Studium in Göttingen, 1950 Beginn der Diplomarbeit bei A. Eucken, 1952 Promotion zum Dr. rer. nat. bei E. Wicke, Göttingen. Prof. der Verfahrenstechnik in Karlsruhe.

Heisenberg, Werner Karl, geb. 5. 12. 1901 Würzburg, gest. 1. 2. 1976 München. Dr. phil., 1924 Dozent für Physik Göttingen, 1927 Prof. Leizpig, 1941 Direktor des KWI für Physik Berlin, 1946 Göttingen, 1958 München. Quantentheorie. 1932 Nobelpreis für Physik, Quantenmechanik.

Hellwege, Karl-Heinz, geb. 23. 10. 1910 Bremerhaven. Dr. phil., 1939 Dozent für Physik Göttingen, 1950 Prof. in Darmstadt. Leiter des Deutschen Kunststoffinstituts und Herausgeber des Tabellenwerks „Landolt-Börnstein" (6. Auflage).

von Helmholtz, Hermann, geb. 31. 8. 1821 Potsdam, gest. 8. 9. 1894 Berlin. Militärarzt in Potsdam, Lehrer der Anatomie an der Kunstakademie Berlin. Prof. der Physiologie in Königsberg, Bonn und Heidelberg, 1870 Prof. der Physik in Berlin, 1888 erster Präsident der neugegründeten Physikalisch-Technischen Reichsanstalt Berlin. U. a. 1. Hauptsatz der Wärmelehre.

Herzberg, Günther. 1946 Studium in Göttingen, Promotion zum Dr. rer. nat. bei A. Eucken.

Herzfeld, Karl Ferdinand, geb. 24. 2. 1892 Wien. 1914 Promotion zum Dr. phil. in Wien, 1923 Prof. für theoretische Physik München, 1926 John-Hopkins-Univ. Baltimore, 1936 cathol. Univ. Washington D.C., 1948 und 1958 Gastprof. in München. Kinetische Theorie der Materie.

Herzfeld, Elisabeth. 1944 Studium in Göttingen, 1948 Promotion zum Dr. rer. nat. bei A. Eucken.

Heuer, Kurt, geb. 21. 3. 1922 Soltau. 1943 Studium in Göttingen, 1948 Diplom und 1950 Promotion zum Dr. rer. nat. bei A. Eucken. 1950 Vereinigte Glanzstoff-Fabriken Wuppertal. Physikochemiker.

von Hevesy, Georg Karl, geb. 1. 8. 1885 Budapest, gest. 5. 7. 1966 Freiburg. Dr. rer. nat., Dr. h.c. mult. 1920 wiss. Mitarbeiter Niels-Bohr-Inst. Kopenhagen. 1923 zus. mit D. Coster Entdeckung des Hafniums. 1926 Prof. der physikalischen Chemie Freiburg, 1934 Kopenhagen, 1943 Stockholms Högskola. 1943 Nobelpreis für Chemie, Indikatormethode zur Bestimmung der Radioelemente.

Hiller, Kurt, geb. 5. 2. 1894 Leisnitz/Sachsen. 1929 Promotion zum Dr.-Ing. bei A. Eucken in Breslau.

Hinshelwood, Sir Cyril Norman, geb. 19. 5. 1987 London, gest. 9. 10. 1967 London. Studium der Chemie Balliol-College Oxford, 1916 M.A. Queensferry, 1920 Fellow of Balliol-College. 1921 Fellow und Tutor Trinity College, Prof. in Oxford. 1956 Nobelpreis für Chemie, zus. mit M. Semjonow, Kettenreaktionen.

Hoffmann, G. 1929 Promotion zum Dr.-Ing. bei A. Eucken in Breslau.

Horiuti, J. 1933 Gastwissenschaftler bei A. Eucken in Göttingen. Prof. Institut für Katalyse Hokkaido-Univ. Sapporo, Japan.

Hund, Friedrich, geb. 4. 2. 1896 Karlsruhe. Staatsexamen für das höhere Lehramt, 1922 Promotion zum Dr. phil. in Göttingen. Assistent von M. Born. 1925 Habilitation. Gast bei Niels Bohr in Kopenhagen. Prof. der theoretischen Physik in Rostock, Leipzig, Jena, Frankfurt/Main, 1956 Göttingen. Quantentheorie.

Hunsmann, Werner, geb. 21. 12. 1912 Duisburg. 1936–1939 Göttingen, 1938 Promotion zum Dr. phil. bei A. Eucken. 1939 IG-Farben, Werk Hoechst, 1943 Chemische Werke Hüls.

Jaacks, Helmuth, geb. 6. 6. 1909 Hamburg, gest. 25. 3. 1943 Rombach/Saar. 1933 Göttingen, 1935 Promotion zum Dr. phil. bei A. Eucken. 1935 Leybold/Köln, Hochvakuumpumpen. Danach Rombach/Saar.

Jakob, Max, geb. 20. 7. 1879 Ludwigshafen/Rhein, gest. 4. 1. 1955 Chikago. 1914–1933 Mitglied der Physikalisch-Technischen Reichsanstalt Berlin, 1935 Prof. für techn. Mechanik, Armour Res. Foundation Chikago.

Jawtusch, Waldemar, geb. 15. 9. 1910 Ukraine. 1937 Dipl.-Ing. in Jekaterinow, Ukraine. Jan. 1943 Gastwissenschaftler bei A. Eucken in Göttingen, Arbeiten über Katalyse. 1947 Studium der Physik und Mathematik in Bonn, 1951 Promotion zum Dr. rer. nat., 1951 wiss. Assistent bei E. Saenger, Stuttgart, Strahlantriebe, 1955 bei A. Nikuradse in München, Elektronen und Ionenforschung.

Jolowics, L., gest. 1943 Leipzig. Verfolgter des Nazi-Regimes. Inhaber und Gründer der Akademischen Verlagsgesellschaft in Leipzig. 1931 Stifter des Arrhenius-Preises der Univ. Leipzig. Dr.-Ing. E.h. Dresden.

Joos, Jakob Christoph Georg, geb. 25. 5. 1894 Urach, gest. 20. 5. 1959 München. 1920 Promotion zum Dr. rer. nat. München. 1928 Prof. der theor. Physik Jena, 1935 Prof. der Experimentalphysik Göttingen. 1941–1945 Zeiß, Jena, 1946 Prof. München, 1947–1949 Gastprof. Boston.

Joule, James Prescott, geb. 24. 12. 1818 Salford, Manchester, gest. 11. 10. 1889 Sale/London. Brauereibesitzer und Privatgelehrter in Salford. Unterricht in Naturwissenschaften bei J. Dalton. Gasdrosselversuche, Joule-Thomson-Effekt, Wärmeäquivalent, 1. Hauptsatz der Wärmelehre.

Kallenbach, Rudolf, geb. 14. 3. 1914 Minden/Westfalen, gest. 22. 2. 1993 Bad Oynhausen. 1938 Doktorand bei A. Eucken in Göttingen, 1941 während eines Urlaubs vom Wehrdienst Promotion zum Dr. rer. nat., 1946 Metallges. Frankfurt/Main, 1953 Theo Goldschmidt, Essen, 1964 Eidgen. Materialprüfungsamt Dübendorf bei Zürich.

Karwat, Ernst, geb. 20. 9. 1893 Hermesdorf (Waldenburg), gest. 30. 3. 1976 Pullach. 1923 Promotion zum Dr.-Ing. bei A. Eucken in Göttingen. 1923 Ges. für Linde's Eismaschinen Höllriegelskreuth/München.

Karweil, Jochen, geb. 9. 1. 1913 Oschersleben/Bode. Studium in Halle/Saale, 1933 Göttingen. Vorlesungsassistent bei A. Eucken, 1938 Promotion zum Dr. rer. nat., 1939 Ges. für Kohlentechnik, Dortmund-Eving.

Klinckhardt, Heinz. 1927 Promotion zum Dr.-Ing. bei A. Eucken in Breslau. Mitarbeiter der Gelsenberg Benzin AG, Gelsenkirchen-Horst.

Knick, H. 1934–1936 bei A. Eucken in Göttingen. Dr. phil.

Knorr, Ludwig, geb. 2. 12. 1859 München, gest. 5. 6. 1921 Jena. 1882 Promotion zum Dr. phil. in Erlangen. 1888 Prof. der Chemie in Würzburg, 1889 Jena, Freiburg und 1910 Würzburg. 1884 Entdeckung des Antipyrins.

Kohlrausch, Friedrich Wilhelm Georg, geb. 14. 10. 1840 Rinteln/Weser, gest. 17. 1. 1910 Marburg/Lahn. 1866 Prof. für Physik in Göttingen, 1870 Zürich, 1888 Straßburg, 1896 Präsident der Physikalisch-Technischen Reichsanstalt.

Krome, Helmut, geb. 26. 6. 1912 Kleine Marpe bei Detmold. Studium in Göttingen, bis auf 2 Semester Innsbruck. 1937 Doktorand bei A. Eucken, 1939 Promotion zum Dr. rer. nat., Kriegsteilnahme als Reserveoffizier. 1946 BASF Ludwigshafen, Großtechnik, Anlagenbau.

Krücke, Edgar, geb. 22. 9. 1917 Hanau/Main. 1936–1940 und 1943–1944 Studium in Berlin, 1944 Göttingen, 1945 Dipl.-Chem. bei A. Eucken. 1945 bei W. Jost, Marburg. 1949–1964 als Assistent. 1964 Kernforschungsanlage Jülich, danach MPG, zuletzt bei M. Eigen, Biophysikalisches Institut der MPG Göttingen.

Küchler, Leopold, geb. 6. 10. 1910 Aussig (Sudeten), gest. 29. 8. 1983 Frankfurt/Main. 1929 Studium in Wien, 1935 Promotion bei F. Patat. 1936 Assistent bei A. Eucken in Göttingen. 1943 Habilitation. 1943 Farbwerke Hoechst, Verfahrenstechnik, Angew. Physik. 1957 Hon. Prof. Frankfurt/Main.

Kuhn G. 1928 Promotion zum Dr.-Ing. bei A. Eucken in Breslau. Danach höheres Lehramt.

Kuhn, Werner, geb. 6. 2. 1899 Maur (Kt. Zürich), gest. 27. 8. 1963 Basel. 1931 Prof. in Karlsruhe, 1936 Kiel, 1939 Basel. Phys. Chemie, Hochpolymere.

Lambert, James Dewe, geb. 9. 10. 1912. 1937 Gastwissenschaftler bei A. Eucken in Göttingen. Lecturer Department of Physical Chemistry South Park Road, Oxford.

Landolt, Heinrich, geb. 5. 12. 1831 Zürich, gest. 15. 3. 1910 Berlin. 1856 Habilitation Breslau, 1857 Prof. für organ. Chemie Bonn, 1869 Aachen. 1880 Berlin. 1905 Mitarbeit an der Phys.-Techn. Reichsanstalt. 1883 Herausgeber des Tabellenwerks „Landolt-Börnstein".

Landsberg, August, geb. 17. 3. 1915. 1935 Studium der Naturwissenschaften Göttingen, 1939 Doktorand bei A. Eucken. 6 Jahre Kriegseinsatz und Gefangenschaft. 1950 Promotion zum Dr. rer. nat. bei A. Eucken. Papierindustrie, zuletzt selbständiger Berater in Holland.

Langmuir, Irving, geb. 31. 1. 1881 Brooklyn, N.Y., gest. 18. 8. 1957 Schenectady N.Y. Nernst-Schüler, 1909 Chemiker bei General Electric Co. Schenectady. 1932 Nobelpreis für Chemie, Adsorption an Grenzflächen.

von Laube, H. 1929 in Breslau bei A. Eucken, vermutlich Promotion zum Dr.-Ing.

Lenard, Philipp, geb. 7. 6. 1862 Preßburg, gest. 20. 5. 1947 Messelhausen. 1885 Promotion zum Dr. phil. Heidelberg. 1894 Prof. für Physik Breslau, 1895 Aachen, 1896 Heidelberg, 1898 Kiel, 1907 Heidelberg. Streuung von Elektronen in dünnen Folien (Lenard-Fenster). Phosphoreszenz und vieles andere Bemerkenswerte für die Physik. Fanatische Ablehnung der Relativitätstheorie Einsteins und Versuche mit einer falschen Äthertheorie. Eine bedeutende Gestalt der Wissenschaft, bei der man Größe und Verwirrung zugleich vorfindet. 1905 Nobelpreis für Physik, Kathodenstrahlen.

Lenel, Fritz Viktor. 1933 Promotion zum Dr. phil. bei A. Eucken in Göttingen. Mitarbeiter bei dem akademischen Austauschdienst.

Leugering, Hans Joachim, geb. 9. 6. 1918. 1945 bei A. Eucken in Göttingen, 1948 Promotion zum Dr. rer. nat., 1948 Zellstofffabrik Waldhof-Mannheim, 1970 Hoechst A.G., Kunststoff-Forschung.

Lindemann, Frederick Alexander, Viscount Cherwell, geb. 5. 4. 1886 Baden-Baden, gest. 3. 7. 1957 Oxford. Schüler und Mitarbeiter von W. Nernst. 1919 Prof. und Direktor des Physikalischen Instituts (Clarendon Labour) Oxford. Physikochemiker, Thermodynamik.

Lindenberg, Erika verh. Kern. Studium in Göttingen, 1943 Dipl.-Chem. bei A. Eucken.

von Lüde, Kurt. 1924 Studium in Breslau, 1929 Promotion zum Dr.-Ing. bei A. Eucken. Silicagel-Ges. Berlin.

Lummer, Otto, geb. 1860, gest. 5. 7. 1925 Breslau. 1884 Promotion zum Dr. phil. in Berlin, 1905 Prof. Univ. Breslau. 1922 Dr.-Ing. E.h. Aachen. Phsyiker.

Magnus, Alfred, geb. 12. 8. 1880 Ramle, Ägypten, gest. 26. 10. 1960 Frankfurt/Main. Nernst-Schüler, Physikochemiker, 1922 Prof. in Frankfurt/Main.

Mannchen, Walther, geb. 17. 11. 1905 Magdeburg, gest. 5. 4. 1972 in Freiberg/Sachsen. 1929 Dipl.-Ing. bei A. Eucken in Breslau. 1932 Assistent bei A. Eucken in Göttingen, 1934 Promotion bei F. Simon in Breslau, Koreferent: A. Eucken. 1934 IG-Farben, Werk Aken/Elbe. 1954 Prof. für phsyikal. Chemie in Freiberg/Sachsen.

Mark, Hermann, geb. 3. 5. 1895 Wien, gest. 6. 4. 1992. 1917 Studium in Wien, 1921 Promotion. 1921 Assistent in Berlin KWJ. 1925 Habilitation. 1927 Prof. Karlsruhe, 1927 IG-Farben Ludwigshafen. 1932 Prof. für Chemie Wien. 1938 Canadian Internat. Paper Co., Hawksbury (Ontario). 1940 Prof. Polytechnic Inst. Brooklyn N.Y., Chemie der Makromoleküle. Dr. h.c. mult., zahlreiche Ehrungen.

Masing, Georg Hermann Ludwig, geb. 2. 2. 1885 Petersburg, gest. 2. 10. 1956 Göttingen. 1903–1906 Studium in Petersburg, Schüler von G. Tammann. 1922 Siemens Berlin. 1934 Prof. für Metallkunde Berlin, 1937 Göttingen. 1953 Dr.-Ing. E.h.

Mayer, Julius Robert, geb. 25. 11. 1814 Heilbronn, gest. 20. 3. 1878 Heilbronn. 1838 Promotion zum Dr. med. Tübingen, Schiffsarzt. 1841 Arzt in Heilbronn. Erster Entwurf der Schrift „Über die Erhaltung der Kraft" an Poggendorff. Abgelehnt. 1852 (Joule 1843, v. Helmholtz 1847) wurde Mayers Anteil am 1. Hauptsatz der Wärmelehre anerkannt. 1867 geadelt.

Meyer, Lothar, geb. 13. 7. 1906 Breslau. 1928 bei A. Eucken in Breslau, 1930 Promotion zum Dr.-Ing., in Göttingen Vorlesungs- und Praktikumsassistent. 1932 Linde's Eismaschinen Höllriegelskreuth. 1939 Chemiker in Leiden, 1953 Prof. für Chemie Chikago.

Mittasch, Paul Alwin, geb. 27. 12. 1869 Großdehsa, Löbau, gest. 4. 6. 1953 Heidelberg. Hilfslehrer, Studium in Leipzig, Promotion zum Dr. phil. bei M. Bodenstein. 1901 AG für Bergbau und Zinkfabrikation Stolberg, 1904 BASF, 1922 stellvertr. Direktor der IG-Farben Ludwigshafen. Einer der erfolgreichsten Erforscher von Katalysatorensystemen.

Miura, K. 1910 Berlin, Mitarbeiter von A. Eucken.

Mond, Ludwig, geb. 7. 5. 1839 Kassel, gest. 11. 12. 1909 London. Maßgeblich beteiligt am Aufbau der chemischen Industrie Großbritanniens (Mondgas, Mondprozeß). Stiftete den Cannizzaropreis des Senats der Stadt Rom und der Academia dei Lincei.

Mücke, Otto. Dipl.-Ing. in Breslau. Ging 1930 mit Arnold Eucken nach Göttingen, um die Kälteanlage aufzubauen. 1932 Promotion zum Dr.-Ing. in Breslau. Danach Th. Goldschmidt AG Essen.

Müller, Johannes Heinrich Jakob, geb. 30. 4. 1809 Kassel, gest. 3. 10. 1875 Freiburg. 1842 Herausgeber des „Lehrbuchs der Physik und Meteorologie", später „Müller-Pouillet's Lehrbuch der Physik", 5 Bände, 11 Auflagen. 1844 Prof. der Physik Freiburg/Breisgau.

Nernst, Walther Hermann, geb. 25. 6. 1864 Briesen (Westpreußen), gest. 18. 11. 1941 Gut Ober-Zibelle, Bad Muskau, Schlesien. Studium in Graz, 1887 Promotion bei v. Ettinghausen. 1889 Habilitation bei W. Ostwald, Leipzig. 1891 Prof. für physikalische Chemie Göttingen, 1905 Berlin. 1922 Präsident der Physikalisch-Technischen Reichsanstalt. Nernstsches Wärmetheorem, alle Gebiete der physikalischen Chemie, großer Lehrer. Zahlreiche Ehrungen. 1920 Nobelpreis für Chemie.

Neumann, Oskar. 1922–1924 bei A. Eucken in Breslau. Promotion zum Dr.-Ing.

Nümann, E. 1935 bei A. Eucken in Göttingen, 1937 Promotion zum Dr. phil., 1937 Dynamit AG Troisdorf.

Ostwald, Wilhelm Friedrich, geb. 21. 8. 1853 Riga, gest. 3. 4. 1932 Großgothen bei Leipzig. 1872 Studium in Dorpat, 1878 Promotion zum Dr. chem., Privatdozent Dorpat, 1881 Prof. der Chemie Riga. 1887 Leipzig. 1906 Amtsniederlegung aus Protest. Privatgelehrter in Großbothen. Elektrochemie, Kolloidchemie. 1909 Nobelpreis für Chemie.

Parts A. 1932 Promotion zum Dr. phil. bei A. Eucken in Göttingen.

Passow, Hermann, geb. 18. 12. 1925 Tübingen. 1946 Studium der Physiologie in Göttingen, auf Rat seines Onkels A. Eucken. 1948 Hamburg, 1951 Promotion zum Dr. rer. nat. bei R. Mond und R. Höber (Nernst-Schüler, physikalische Chemie der Zellen und Gewebe). 1956 Habilitation in Hamburg. 1962 Prof. für Biophysik in Homburg/Saar, 1970 Direktor des MPI für Biophysik Frankfurt/Main.

Passow, Hermann Heinrich, geb. 5. 3. 1865 Halberstadt, gest. 1. 9. 1919 Blankenese (Hamburg). Studium in Tübingen und Würzburg, 1892 Promotion zum Dr. phil., 1892 Portland-Zementwerke, Erdfarbwerke Blankenburg/Harz (Passow-Zement). 1902 Direktor der chem.-techn. Versuchsstation für Hüttenzemente Blankenese.

Patat, Franz Xaver, geb. 15. 5. 1906 Wien, gest. 17. 2. 1982 Wolfratshausen. Studium in Wien, Dr. phil., 1934 Assistent bei A. Eucken in Göttingen. 1935 Habilitation. Eintritt bei IG-Farben Hoechst, 1945 Prof. für allgem. Chemie Innsbruck, 1948 Hoffmann La Roche Basel. 1952 Prof. für techn. Chemie Hannover, 1955 München. 1966 Dr. phil. h.c. Innsbruck.

Pauli, Wolfgang, geb. 25. 4. 1900 Wien, gest. 13. 12. 1958 Zürich. 1921 Promotion bei A. Sommerfeld München, weitere Studien in Göttingen, Kopenhagen und Hamburg. 1928 Prof. für Physik Zürich. 1940–1945 USA, 1946 Zürich. 1945 Nobelpreis für Physik, Pauliprinzip.

Pauling, Linus Carl, geb. 28. 2. 1901 Portland (Oregon), gest. 19. 8. 1994. 1927 Prof. für Chemie Pasadena. Grundlegende Arbeiten über Chemie und Physik. 1954 Nobelpreis für Chemie, chemische Bindung, 1962 Friedensnobelpreis.

Perlick, Albert, geb. 15. 3. 1911 Mannheim. 1934–1936 bei A. Eucken in Göttingen. 1935 Promotion zum Dr. phil.

Petit, Alexis Thérése, geb. 2. 10. 1791 Vesoul (Houte-Saone), gest. 21. 6. 1820 Paris. Lehrer für Physik Ecole Polytechnique Paris.

Pier, Matthias, geb. 22. 7. 1882 Nackenheim/Rhein, gest. 12. 9. 1965 Heidelberg. 1907 Promotion zum Dr. phil. bei W. Nernst, Berlin. Forschungsstelle der Sprengstoff-Industrie Berlin. 1920 BASF, Ammoniaklabor Oppau. Mitarbeiter von K. Krauch, Hydrierexperte. Dr.-Ing. E.h.

Planck, Max Karl Ernst Ludwig, geb. 23. 4. 1858 Kiel, gest. 4. 10. 1947 Göttingen. 1885 Prof. für Physik Kiel. 1889 Berlin. 1930 Präsident der Kaiser-Wilhelm-Gesellschaft, 1945 Präsident der Max-Planck-Gesellschaft. 1918 Nobelpreis für Physik, Quantentheorie. Einer der größten Physiker des Jahrhunderts.

Plank, Rudolf, geb. 22. 11. 1886 Kiew, gest. 16. 6. 1973. 1911 Privatdozent in Danzig, 1913 Prof. für Verfahrenstechnik Karlsruhe. Dr.-Ing., Dr. sc. agr. h.c., Dr. phil. nat. h.c.

Pohl, Robert Wichard, geb. 10. 8. 1884 Hamburg, gest. 5. 6. 1976 Göttingen. 1906 Promotion zum Dr. phil. bei E. Warburg, Berlin. 1916 Prof. für Physik Göttingen. Begründer der Feststoff-Physik, unterschied Leiter und Halbleiter. 1928 Dr.-Ing. E.h. Breslau.

Pollitzer, Franz, geb. 14. 11. 1885 Gablonz a. N., gest. Dez. 1942 KZ Auschwitz. 1909 Promotion zum Dr. phil. bei W. Nernst, Berlin. Privatassistent von W. Nernst. 1911 Ges. für Linde's Eismaschinen Höllriegelskreuth. 1939 Chemieingenieur Air Liquide Paris. 1942 KZ Auschwitz.

Pouillet, Claude Servais Matthias, geb. 16. 2. 1790 Cusanze/Doubs, gest. 14. 6. 1868 Paris. 1827 Autor von „Elements de Physique et de Météorologie", 2 Bände.

Rathscheck, Karl-Herbert, geb. 26. 9. 1913 Essen/Ruhr. 1933 Studium der Naturwissenschaften in Bonn. 1938 bei A. Eucken in Göttingen. 1941 Promotion zum Dr. rer. nat., 1941 IG-Farben Hoechst, Verfahrenstechnik, später Meß- und Regeltechnik.

Rating, W. 1940 bei A. Eucken in Göttingen, 1942 Promotion zum Dr. rer. nat.

Rechmeier, Helmuth. 1946–1947 bei A. Eucken in Göttingen. Dipl.-Chem. Danach Zementwerke GmbH E. Schwenck, Karlstadt/Main.

Regnault, Henri Viktor, geb. 21. 7. 1810 Aachen, gest. 19. 1. 1878 Paris. 1836 Prof. Ecole Polytechnique Paris, 1854 Leiter der Porzellanfabrik Sèvre. Wärmekapazität.

Rice, Francis Owen, geb. 20. 5. 1890 Liverpool. 1916 Studium in Liverpool, 1919 Instructor Univ. New York, 1920 Prof. der Chemie Catholic Univ. Washington D.C., 1959 Georgetown Univ. Washington, 1962 Radiation Labor Univ. Notre Dame, Ind. (USA), Reaktionskinetik.

Riedel, Leonhard, geb. 6. 9. 1912 Bad Reinerz, Schlesien. 1934 bei A. Eucken in Göttingen, 1937 Promotion zum Dr. phil., wissenschaftlicher Mitarbeiter der Bundesanstalt für Lebensmittelfrischhaltung Karlsruhe, 1955 Prof. in Karlsruhe, Physikochemiker.

Ruff, Otto, geb. 30. 12. 1871 Schwäbisch Hall, gest. 17. 9. 1939 Breslau. 1897 Promotion zum Dr. phil. bei O. Piloty, Berlin. 1904 Prof. für anorg. Chemie in Danzig, 1916 Univ. und T.H. Breslau. 1926 Dr.-Ing. E.h. Aachen. Fluorchemie.

Ruß, Alfred. 1928 Promotion zum Dr.-Ing. bei A. Eucken in Breslau.

Sachsse, Hans, geb. 29. 12. 1906, gest. 31. 3. 1992 Wiesbaden. Assistent von F. Haber, Berlin, 1933 Assistent von A. Eucken in Göttingen. 1935 Habilitation. Zellstofffabrik Waldhof-Mannheim, Prof. in Mainz. Physikochemiker.

Sarstedt, B. 1939–1941 bei A. Eucken in Göttingen.

Sauerwald, August Wilhelm Franz, geb. 11. 6. 1894 Spandau. 1920 Promotion zum Dr. phil. in Göttingen, 1926 Prof. für Metallographie T.H. Breslau, 1937 IG-Farben Bitterfeld, 1945 Prof. Halle/Saale.

Sauter, Friedrich, geb. 9. 6. 1906 Innsbruck, gest. 24. 5. 1983 Garmisch-Partenkirchen. Promotion zum Dr. phil. Innsbruck, 1933 Privatdozent Berlin, 1934 Göttingen, 1936 Königsberg, 1939 Prof., 1942 München. 1947–1948 Gastwissenschaftler bei A. Eucken in Göttingen. 1952 Köln, Physiker. Wellenmechanik.

Schäfer, Clemens, geb. 24. 3. 1878 Remscheid, gest. 30. 7. 1968 Köln. 1900 Promotion zum Dr. phil. bei O. v. Warburg, Bonn. 1920 Prof. für Experimentalphysik in Marburg. 1926 Breslau, 1946 Köln.

Schäfer, Klaus, geb. 23. 8. 1910 Köln, gest. 30. 7. 1984 Heidelberg. 1934 Doktorand bei A. Eucken, nach dem Staatsexamen für Mathematik. Dr. phil., Praktikumsassistent, 1939 Habilitation. 1946 Prof. für physikalische Chemie Heidelberg. Zustandsumwandlungen.

Schaper, Rolf, geb. 11. 6. 1920 Lübeck, gest. 18. 6. 1985 Münster/Westfalen. 1942 Studium in Göttingen, 1947 Dipl.-Chem. bei A. Eucken, 1949 Promotion zum Dr. rer. nat., 1950 Glanzstoffwerke Oberbruch/Aachen, später Werk Barmen.

Scheele, Carl Wilhelm, geb. 9. 12. 1742 Stralsund, gest. 21. 5. 1786 Köping (Schweden). In seiner Apotheke entdeckte er mit einfachsten Hilfsmitteln unter anderem 1771 den Sauerstoff.

Schenck, Günther Otto, geb. 14. 5. 1913 Lörrach. Dr. rer. nat. habil., 1943 Dozent in Halle/Saale, 1950 Prof. in Göttingen. 1960 Dir. der Abt. für Strahlenforschung des MPI für Kohlenforschung Mülheim/Ruhr. Strahlenchemie, organische Chemie.

Schenck, Fr. Rudolf, geb. 11. 3. 1870 Halle/Saale, gest. 28. 3. 1965 Münster. Geheimrat. 1894 Promotion zum Dr. phil. bei J. Volhard in Halle. 1899 Marburg, 1906 Prof. der physikalischen Chemie in Aachen, 1910 Breslau, 1916 Münster.

Schliep, Erich. 1950 Promotion zum Dr. rer. nat. bei A. Eucken in Göttingen. Danach BASF.

Schlögl, Friedrich, geb. 7. 4. 1917 Erfurt. Dr. rer. nat. 1947–1949 Gastwissenschaftler bei A. Eucken in Göttingen. 1953 Dozent in Köln, 1960 Prof. für theoretische Physik in Aachen.

Schmidt, Ernst, geb. 12. 2. 1892 Vögelsen bei Lüneburg, gest. 2. 1. 1975 München. Studium in Dresden und München, erst Bauingenieurwesen, dann Elektrotechnik. 4 Jahre Kriegsdienst, 1919 Dipl.-Ing. München. Assistent bei O. Knobloch, 1923 Promotion zum Dr.-Ing., 1925 Prof. in Danzig, 1937 Leiter des Inst. für Motorenforschung der Luftfahrtforschungsanstalt Braunschweig. 1946 Prof. in Braunschweig, 1952 in München. Dr. rer. nat. h.c.

Schneider, Erika. 1948 Dipl.-Chem. bei A. Eucken in Göttingen.

Schröder, A. 1939 bei A. Eucken in Göttingen.

Schröder, Erwin. 1936–1939 bei A. Eucken in Göttingen.

Schürenberg, Helene, geb. 29. 8. 1913 Essen/Ruhr. 1935 bei A. Eucken in Göttingen, 1938 Promotion zum Dr. rer. nat. Danach höherer Schuldienst.

Schwab, Georg Maria, geb. 3. 11. 1899 Berlin, gest. 23. 12. 1984 München. 1923 Promotion zum Dr. phil. bei E. H. Riesenfeld, Berlin. 1927 Habilitation bei O. Dimroth, Würzburg. 1933 Prof. in München, 1939 Inst. Kanellopulos Piräus, 1950 Prof. in Athen. 1950 Prof. München. Katalyse. Dr. rer. nat. h.c.

Schwers, F. 1913 wohl einer der ersten Schüler A. Euckens in Berlin.

Seekamp, Horst. 1927 bei A. Eucken in Breslau, 1930 Promotion zum Dr.-Ing., Schuldienst.

Sihvonen, Väinö Ilmari, geb. 10. 6. 1889 Kangasniemi, gest. 30. 11. 1939 Helsinki bei einem Fliegerangriff. 1923 Lektor für Elektrochemie an der T.H. Helsinki, 1929 Gastwissenschaftler bei A. Eucken in Breslau. 1936 Prof. in Helsinki. Physikochemiker.

Simon, Arthur, geb. 23. 11. 1893 Wuppertal-Barmen, gest. 5. 5. 1962 Dresden. 1921 Promotion zum Dr. phil. in Göttingen, 1927 Habilitation in Stuttgart. 1932 Prof. der anorg. und allgem. Chemie Dresden. Ramanspektroskopie.

Simon, Franz Eugen, Sir Francis, geb. 2. 7. 1893 Berlin, gest. 31. 10. 1956 Oxford. Nernst-Schüler, 1922–1924 Assistent bei W. Nernst, 1927 Prof. Berlin, 1931 T.H. Breslau. 1933 Clarendon Labor, Oxford. Thermodynamik.

Sinn, Richard, geb. 7. 8. 1913 Heidelberg. Studium in Karlsruhe und Göttingen, 1937–1939 bei A. Eucken in Göttingen. 1941 Promotion zum Dr.-Ing. bei R. Plank in Karlsruhe, Kriegseinsatz. 1946 BASF Ludwigshafen, technische Entwicklung. 1969 Prof. in Karlsruhe.

Solvay, Ernest, geb. 18. 4. 1838 Rebecq-Rognon, gest. 26. 5. 1922 Brüssel. 1863 Gründung der Solvay-Werke, technische Herstellung von Soda, Solvay-Prozeß. 1894 Gründung des Solvay-Instituts für physiologische und soziologische Forschung. 1911 auf Anregung von W. Nernst Finanzierung des Conseil Solvay zur Diskussion der Quantentheorie.

Spitzer, Friedrich, geb. 22. 6. 1914 Magdeburg. 1938 Promotion zum Dr. rer. nat. in Göttingen, Assistent bei G. Joos. Kriegsteilnahme als Marineoffizier, 1946 Praktikumsassistent bei A. Eucken in Göttingen. 1948 Standard Electric Lorenz Stuttgart, 1963 Philipps Hamburg. Halbleiter-Spezialist.

Staebler, Johannes, geb. 27. 10. 1904 Konstadt, Kreis Kreuzburg. 1923 Studium des Maschinenbaus in Breslau, 1927 Dipl.-Ing., 1929 Promotion zum Dr.-Ing. bei A. Eucken in Breslau.

Stark, Johannes, geb. 15. 4. 1874 Schickenhof/Amberg, gest. 21. 6. 1967 Traunstein. 1905 Entdeckung des optischen Doppler-Effekts, 1906 Prof. in Hannover. 1913 Entdeckung des Stark-Effekts. 1917 Prof. Greifswald, 1920 Würzburg. 1921 Industrie, 1933 Präsident der Physikalisch-Technischen Reichsanstalt. Ablehnung der Quanten- und Relativitätstheorie, Vertreter der „Deutschen Physik". 1919 Nobelpreis für Physik.

Studt, H. J. 1948 bei A. Eucken in Göttingen.

Suhrmann, Rudolf, geb. 9. 3. 1895 Reichenberg/B., gest. 21. 9. 1971 Karlsruhe. 1923 Assistent bei A. Eucken in Breslau, 1925 Habilitation. 1933 Prof. für physikalische Chemie T.H. Breslau, 1946 T.H. Braunschweig, 1955 T.H. Hannover. Dr. rer. nat. h.c., Elektrochemie.

Tammann, Gustav Heinrich, geb. 28. 5. 1861 Jamburg (Estland), gest. 17. 12. 1938 Göttingen. 1887 Promotion zum Dr. phil. in Dorpat, 1889 Habilitation, 1894 Prof. für Chemie. 1907 Prof. für physikalische Chemie in Göttingen. 1930 noch ein Ruf nach Riga, den er ablehnte. Dr. h.c. mult., Festkörperchemie.

Teller, Edward, geb. 15. 1. 1908 Budapest. 1926 Studium in Karlsruhe, 1928 in München, 1930 Promotion zum Dr. phil. in Leipzig. 1931 Gastwissenschaftler bei A. Eucken in Göttingen, 1934 Kopenhagen bei Niels Bohr. 1934 Lecturer in London, 1935 Prof. für Physik in Washington D.C., 1941 Columbia Univ., 1942 Chikago. 1942 Manhattan Engr. Dist. und Los Alamos. 1946 Prof. Chikago, 1953 Univ. California. Kernphysiker, Entwicklung der Atombombe, maßgeblich für die Entwicklung der Wasserstoffbombe.

Teske, Wolfgang, geb. 27. 10. 1903 Oppeln, gest. 27. 6. 1983. 1928 Promotion zum Dr.-Ing. bei A. Eucken in Breslau. Hoechst AG, Prof. in Gießen.

Theile, Heinz, geb. 24. 7. 1914 Lenneppe (Berg. Land). 1933 Studium der Chemie in Göttingen, 1936 Doktorand bei A. Eucken. 1938 Promotion zum Dr. rer. nat., Assistent bei A. Eucken. 1939 bei E. Schmidt in Braunschweig, Institut für Motorenforschung. 1945 eigene Firma zur Trinkwasseruntersuchung. 1948 Hannover, Institut für Erdölforschung. 1954 Hoechst AG. Anwendungstechnik.

Thießen, Peter Adolf, geb. 6. 4. 1899, gest. 5. 3. 1990 Berlin. Dr. phil. habil., 1932 Prof. in Göttingen, 1935 Berlin, Direktor des KWI für physikalische Chemie Dahlem. 1945 Rußland. 1956 Direktor des Instituts für phys. Chemie der Akad. der Wissenschaften, Berlin-Adlershof. Dr. rer. nat. h.c., Kolloidchemie.

Thomae, Johannes K., geb. 1840, gest. 2. 4. 1921 Jena. 1864 Promotion zum Dr. phil. in Göttingen, 1879 Professor der Mathematik in Jena.

Trawinski, Helmut, geb. 2. 8. 1918 Berlin. 1945 Studium der Chemie in Göttingen, Diplom bei A. Eucken. 1952 Promotion zum Dr. rer. nat. bei E. Wicke in Göttingen. 1953 Dörr Mainz, später Amberger Kaolinwerke. 1974 Prof. in Clausthal.

Ubbelohde, Alfred René John Paul, geb. 4. 12. 1907. 1928 Gastwissenschaftler bei A. Eucken in Breslau. 1954 Prof. für Thermodynamik, Imperial College London.

Urey, Harold Clayton, geb. 29. 4. 1893 Walkerton (Ind.), gest. 6. 1. 1981 La Jolla (Calif.). Prof. in New York, Chikago und San Diego. 1932 Entdeckung des schweren Wasserstoffs. 1934 Nobelpreis für Chemie.

Vaughen, John Victor. Dr. 1929 Gastwissenschaftler bei A. Eucken in Breslau. Prof. in De Land, Florida.

Veith, H. 1935–1937 Praktikumsassistent bei A. Eucken in Göttingen. 1937 Siemens, Berlin.

Vogel, Friedrich Rudolf, geb. 13. 2. 1882 Zell im Wiesenthal, Baden, gest. 5. 8. 1979 Göttingen. 1922 Prof. der Matallographie in Göttingen.

Voigt, Ulrich. 1947 Promotion zum Dr. rer. nat. bei A. Eucken in Göttingen.

Vollmer, Wilfried, geb. 14. 1. 1923 Bremen. Aktiver Marineoffizier. 1945 Studium in Göttingen, 1950 Diplom bei A. Eucken in Göttingen. 1952 Promotion zum Dr. rer. nat. bei E. Wicke in Göttingen. 1952 Zellstofffabrik Waldhof-Mannheim, 1970 Papierwerke Aschaffenburg.

Volmer, Max, geb. 3. 5. 1885 Hilden (Rhld.), gest. 3. 6. 1965 Potsdam. 1910 Promotion zum Dr. phil. bei Schaum in Leipzig. Habilitation in physikalischer Chemie. 1920 Prof. in Kiel, 1922 Berlin. 1945 Rußland, 1955 Prof. und Präsident der Akademie der Wissenschaften Berlin. Dr. chem. h.c., Dr.-Ing. E.h., bahnbrechender Physikochemiker, Elektrochemie.

von der Waals, Johannes Diderik, geb. 23. 11. 1837 Leiden, gest. 7. 3. 1923 Amsterdam. Prof. in Amsterdam, van der Waalsche Gleichung. 1910 Nobelpreis für Physik.

Waetzmann, Erich Wilhelm, geb. 2. 1. 1882 Weißensee, Posen. Dr., Prof. für Physik an Univ. und T.H. Breslau.

Warrentrup, Hildegard. 1936 Promotion zum Dr. phil. bei A. Eucken in Göttingen.

von Wartenberg, Hans Joachim, geb. 24. 3. 1880 Kellinghusen, gest. 4. 10. 1960 Göttingen. 1902 Promotion in Berlin, danach zu W. Nernst nach Göttingen, 1908 Habilitation, 1913 Prof. der physikalischen Chemie Danzig. 1916 Prof. der anorg. Chemie Danzig. 1932–1936 und 1945–1948 Prof. für anorg. Chemie Göttingen, 1937–1945 emeritiert. 1952 Dr. rer. nat. E.h. (Aachen).

Weblus, Bernhard, geb. 29. 6. 1926 Berlin. 1949 Dipl.-Phys. Berlin, Doktorand bei A. Eucken in Göttingen, 1950 Promotion zum Dr. rer. nat., 1951 Ges. für Kohlenforschung Essen. 1953 Studium der Betriebswirtschaft Berlin. 1956 Promotion zum Dr. rer. pol., 1956 Telefunken Berlin, 1971 selbständiger Bausachverständiger.

Weigert, Karl. 1933 Promotion zum Dr. phil. bei A. Eucken in Göttingen.

Werth, K. 1929 Promotion zum Dr.-Ing. bei A. Eucken in Breslau. Danach preußische Bergwerks- und Hütten AG Vienenburg.

Weyde, Erich. 1936–1939 bei A. Eucken in Göttingen.

Wicke, Ewald, geb. 17. 8. 1914 Wuppertal-Elberfeld. Studium der Naturwissenschaften in Göttingen, 1938 Promotion zum Dr. rer. nat. bei A. Eucken. 1944 Habilitation, 1949 Prof. für Physikalische Chemie in Göttingen, 1954 Hamburg, 1959 Münster/Westfalen. Siehe Text und Anmerkungen.

Wiedemann, Gustav Heinrich, geb. 2. 10. 1826 Berlin, gest. 23. 3. 1899 Leipzig. Prof. der Physik in Basel, Braunschweig, Karlsruhe und Leipzig (Wiedemann-Franzsches Gesetz).

Wien, Wilhelm Karl Werner, geb. 13. 8. 1864 Faffken (Ostpreußen), gest. 30. 8. 1928 München. Prof. der Physik in Aachen, Gießen, Würzburg und München. 1911 Nobelpreis für Physik, schwarze Strahlung.

Windaus, Adolf Otto Reinhold, geb. 26. 12. 1876 Berlin, gest. 8. 6. 1959 Göttingen. 1915 Prof. der Chemie in Göttingen, Naturstoffe (Vitamin D). 1928 Nobelpreis für Chemie, Dr. h.c. und Dr. E.h. mult.

Woitinek, Hans. 1932 Promotion zum Dr. phil. bei A. Eucken in Göttingen.

Wolf, Karl Lothar, geb. 14. 11. 1901 Marienthal/Nordpfalz, gest. 9. 2. 1969 Mainz. Dr. phil., 1928 Habilitation in Königsberg. 1930 Prof. für physikalische Chemie in Kiel, 1936 Würzburg, 1937 Halle/Saale. 1947 Oberstudiendirektor in Kirchheim-Bolanden. 1954 Direktor des Inst. für Physik und Chemie der Grenzflächen, Marienthal.

Zerkowitz, Guido, geb. 4. 12. 1885 Triest, gest. 1942. Dr.-Ing., 1913 Privatdozent in Aachen, 1914 München, 1920 Prof. der Physik München. 1933 beratender Ingenieur in Triest. Thermodynamik, Strömungslehre.

Anhang II
Ehrungen

Arrheniuspreis der Universität Leipzig

1931 wurde der Preis aus Anlaß des 25jährigen Bestehens der Akademischen Verlagsgesellschaft, Inhaber L. Jolowics, gestiftet. Der Betrag von 10 000,– RM war eine Schenkung und wurde bis 1944 vom Universitätsrentamt verwaltet. Der akademische Senat vergab den Preis alle 2 Jahre für preiswürdige Leistungen auf dem Gebiet der Physik, Astrophysik, Geophysik und physikalischen Chemie. Er wurde aus den Zinserträgen bezahlt. Preisträger waren:

1932 A. Eucken, physikalische Chemie
1934 V. Bjerknes, Geophysik
1936 H. Geiger, Kernphysik
1938 H. Kienle, Astrophysik
1940 K. Clusius, physikalische Chemie
1943 A. Defant, Ozeanographie

Das war der letzte Preisträger, da die Stifterin des Preises als „Jüdischer Betrieb" angesehen wurde und da mit Erklärung des totalen Krieges 1944 die Auszahlung von wissenschaftlichen Preisen für 12 Monate untersagt war.

Bunsen-Denkmünze

1907 von H. Th. v. Böttinger mit 8000 M gestiftet. Sie wird „während der Generalversammlung in feierlichem Akt ... zum Andenken an Robert Bunsen und zur Förderung der Ziele der deutschen Bunsengesellschaft ... an solche Persönlichkeiten verliehen, welche die Ziele der physikalischen Chemie durch wissenschaftliche oder praktische Leistungen in hervorragender Weise gefördert haben". Die Denkmünze wird alle 3 Jahre oder auch öfter verliehen. Bis 1992 34mal. Die Preisträger aus dem Nernst-Eucken-Kreis:

1914 W. Nernst
1944 A. Eucken
1953 M. Pier
1970 E. U. Franck
1977 Kl. Schäfer
1981 E. Wicke

Cannizzaro-Preis (Il Premio „Stanislao Cannizzaro")

15. 9. 1908 Stiftung durch die „Reale Academia dei Lincei". Es sollten alle 2 Jahre erfolgreiche Arbeiten auf dem Gebiet der Chemie und physikalischen Chemie mit 10 000 L gefördert werden. Grundlage des Preises war eine Stiftung von 180 300 L des auswärtigen Mitglieds der Akademie, Ludwig Mond.

Am 15. 2. 1940 wurden neue Richtlinien für die Vergabe des Preises aufgestellt, der Preis aber nur einmal, 1942, an Arnold Eucken vergeben.

Am 30. 6. 1955 wurde beschlossen, den Preis als Goldmünze zu vergeben.

1957   Emilio Segré, Physiker
1971   Duilio Arigoni, Chemiker
1976   Hermann Hartmann, Chemiker

17. 5. 1986 sah sich die Stiftung ohne Mittel.

Anmerkungen

1 Eucken A, nicht datiert, Lebenslauf, wohl Anfang 1950

2 Neumann R, Putlitz Frh zu G (1985) Semper Apertus – 600 Jahre Universität Heidelberg, Bd. III, S 376–405

2a Hermann Passow leitete eine chemisch-technische Versuchsstation für Hüttenzemente in Hamburg-Blankenese, die 1919 vom Verein deutscher Hochofenzementwerke erworben und 1922 nach Düsseldorf verlegt wurde.

3 Meyer R (1908) Viktor Meyer, 1848–1897. Ber Dtsch Chem Ges 41:4505–4718

4 Eucken A (1907) Über den stationären Zustand zwischen polarisierten Wasserstoffelektroden (die Doktorarbeit). Leipzig, Z Phys Chem (A) 59:12–117

5 Die Ausbildung des jungen Eucken mußte durch den einjährigen Militärdienst unterbrochen werden. Eucken diente vom 1. 10. 1906–30. 9. 1907 beim Feldartillerieregiment 198 in Erfurt. Das mündliche Doktorexamen legte er während dieser Zeit bei einem Kurzurlaub ab.

6 Eucken A (1908) Über den Einfluß der Ionenreaktionsgeschwindigkeit auf die Gestalt der Stromspannungskurven. Leipzig, Z Phys Chem (A) 64:562–580

6a Eucken A, Grützner H (1927) Die Hydratationsgeschwindigkeit des Kohlenoxyds in wässrigen Lösungen. Leipzig, Z Phys Chem (A) 125:363–393

7 Eucken A (1910) Über die Berechnung von Reaktionsgeschwindigkeiten aus Stromspannungskurven. Leipzig, Z Phys Chem (A) 71:550–562

8 Eucken A (1908) Über den Verlauf der galvanischen Polarisation durch Kondensatorentladungen. Anwendung auf die Nervenreizung. Berlin, Sitzungsber Akad Wiss 26: 524–527
Eucken A (1908) Zur Nernstschen Theorie der elektrischen Nervenreizung durch Kondensatorentladungen. Arch gesamte Physiologie, Menschen, Tiere, 123:454–462
Eucken A, Miura K (1911) Zur Nernstschen Theorie der elektrischen Nervenreizung durch Kondensatorentladungen. Arch gesamte Physiologie, Menschen, Tiere, 140: 593–608

9 Eucken A (1908) Über die Gültigkeit des Ohmschen Gesetzes für Elektrolyte. Phys Z 10:97–99

10 Eucken A (1932) Die Ermittlung der absoluten Größe des Diffusionsstromes in bewegten Elektrolyten. Z Elektrochem 38:341–345

11 Eucken A (1928) Die Theorie des Ladungswechsels kolloidaler Teilchen. Leipzig, Z Phys Chem (B) 1:375–378

12 Eucken A, Büchner A (1935) Die Dielektrizitätskonstante schwach polarer Kristalle und ihre Temperaturabhängigkeit. Leipzig, Z Phys Chem (B) 27:321–349

13 Büchner A (1935) Zur Methodik der Messung der Dielektrizitätskonstanten. Leipzig, Z Tech Phys 16:10–12

14 Eucken A, Bratzler K (1933) Über Wasserstoffelektroden mit hoher Stromleistung. Ber Ges Kohlentech 4:290–304

15 Eucken A, Weblus B (1951) Adsorption von Wasserstoff an Platin nach Messung der Polarisationskapazität. Z Elektrochem 55:114–119

Wicke E, Weblus B (1952) Polarisationskapazität, Adsorption und Überspannung des Wasserstoffs an Platin. Z Elektrochem 56:169–176

16 Nernst W (1909) Theoretische Chemie. Stuttgart, S 705

Nernst W (1911) Der Energieinhalt fester Stoffe. Ann Phys (4) 36:395–439

17 Mendelssohn K (1976) Walther Nernst und seine Zeit. Aufstieg und Niedergang der deutschen Naturwissenschaften. Weinheim

18 Heilbron JL (1988) Max Planck. Stuttgart, S 32–33

19 Atkins PW (1987) Physikalische Chemie. Weinheim

20 Eucken A (1914) Über den Quanteneffekt bei einatomigen Gasen und Flüssigkeiten. Berlin, Ber Akad Wiss 12:682–693

Eucken A (1916) Über den Wärmeinhalt einatomiger Flüssigkeiten. Verh Dtsch Phys Ges 18:18–34

Eucken A (1922) Der Nernstsche Wärmesatz. Ergeb Exakten Naturwiss 1:120–162

Eucken A, Clusius K, Woitinek H (1931) Die Bildung einiger Metallhalogenide, insbesondere des AgBr. Z Anorg Allgem Chem 203:39–56

21 Eucken A, Fried F (1924) Über die Nullpunktsentropie kondensierter Gase. Berlin, Z Phys 29:36–70

Fried F (1926) Messung der EMK galvanischer Elemente vom Typus Me/MeO/NaOH/ H_2 (Pt) und ihre Verwertung zur Prüfung des Nernstschen Wärmesatzes. Diss TH Breslau

Eucken A (1929) Chemische Konstanten und Dampfdruckkonstanten. Phys Z 30: 818–826

22 Eucken A (1944) Lehrbuch der chemischen Physik Bd. II/2: ungeordnete Zustände können manchmal bei tiefen Temperaturen „eingefroren" sein.

23 Eucken-Suhrmann (1928–1964) Physikalisch-Chemische Praktikumsaufgaben, 8 Auflagen. Leipzig

24 Eucken A (1909) Über die Bestimmung spezifischer Wärmen bei tiefen Temperaturen. Phys Z 10:586–589

25 Nernst W (1911) Über einen Apparat zur Verflüssigung von Wasserstoff. Z Elektrochem 17:735–737

25a Clusius K (1932) Über eine Anlage zur Herstellung von flüssigem Wasserstoff mit Neon als Zwischensubstanz. München, Z Gesamte Kälte-Ind 39:94–97

26 Eucken A (1926) Quantenprobleme der Wärmelehre I. Leipzig, Z Tech Phys 7:180–187

Eucken A (1926) Quantenprobleme der Wärmelehre II. Leipzig, Z Tech Phys 7:216–223

27 Eucken A (1912) Die Molekularwärme des Wasserstoffs bei tiefen Temperaturen. Berlin, Ber Akad Wiss 141–151

Eucken A (1913) Über das Wärmeleitvermögen, die spezifische Wärme und die innere Reibung der Gase. Phys Z 14:324–332

27a C_p/C_v beträgt bei einem einatomigen Gas 5/3, bei einem zweiatomigen 7/5.

28 Gmelins Handbuch der anorganischen Chemie (1927) Wasserstoff. 8. Auflage. Berlin, S 69 ff.

29   Eucken A (1914) Die Entwicklung der Quantentheorie vom Herbst 1911 bis Sommer 1913. Anhang zur deutschen Ausgabe der Verh d Conseil Solvay 1911, Abh Dtsch Bunsen-Ges 7:371–405

Eucken A (1920) Bericht über die Anwendung der Quantenhypothese auf die Rotationsbewegung der Gasmoleküle. Jahrbuch der Radioaktivität und Elektronik 16:361–411

30   Hund F (1927) Zur Deutung der Molekülspektren II. Berlin, Z Phys 42:93–120

31   Heisenberg W (1926) Mehrkörperproblem und Resonanz in der Quantenmechanik I. Berlin, Z Phys 38:411–420

Heisenberg W (1927) Mehrkörperproblem und Resonanz in der Quantenmechanik II. Berlin, Z Phys 41:239–267

32   Dennison DM (1927) A note on the specific heat of the hydrogen molecule. London, Proc R Soc (A) 115:483–486

33   Bonhöffer KF, Harteck P (1929) Experimente über Ortho- und Parawasserstoff. Berlin, Ber Akad Wiss 103–108

Bonhöffer KF, Harteck P (1929) Die Eigenschaften des Parawasserstoffs. Z Elektrochem 33:621–623

Bonhöffer KF, Harteck P (1929) Über Para- und Orthowasserstoff. Leipzig, Z Phys Chem (B) 4:113–141

Bonhöffer KF, Harteck P (1929) Über Ortho- und Parawasserstoff. Leipzig, Z Phys Chem (B) 5:292

Bonhöffer KF, Harteck P (1929) Experimente über Ortho- und Parawasserstoff. Berlin, Naturwissenschaften 17:182

34   Eucken A, Hiller K (1929) Der Nachweis einer Umwandlung des Orthowasserstoffs in Parawasserstoff durch Messung der spezifischen Wärme. Leipzig, Z Phys Chem (B) 4:142–157

Eucken A (1929) Der Nachweis einer Umwandlung der antisymmetrischen Wasserstoffmolekülart in die symmetrische. Berlin, Naturwissenschaften 17:182

35   Clusius K, Hiller K (1929) Die spezifischen Wärmen des Parawasserstoffs in festem, flüssigem und gasförmigem Zustand. Leipzig, Z Phys Chem (B) 4:158–168

36   Die Tatsache, daß die Temperaturabhängigkeit von Parawasserstoff auch bei hohen Temperaturen, bei denen 100 % para-H_2 nicht dem Gleichgewichtszustand entspricht, gemessen werden konnte, rührt davon her, daß sich das Gleichgewicht Ortho- – Parawasserstoff nur recht langsam einstellt.

37   Simon F, Lange F (1923) Thermische Daten des kondensierten Wasserstoffs. Berlin, Z Phys 15:312–321

Mendelssohn K, Ruhemann M, Simon F (1932) Die spezifischen Wärmen des festen Wasserstoffs bei Heliumtemperaturen. Leipzig, Z Phys Chem (B) 15:121–126

38   Simon F (1925) Einige Bemerkungen zu der Arbeit von Eucken: „Über die Nullpunktsentropie kondensierter Gase". Berlin, Z Phys 31:224–228

Eucken A, Fried F (1925) Erwiderung auf die Bemerkungen des Herrn F. Simon zu unseren Arbeiten „Über die Nullpunktsentropie kondensierter Gase". Berlin, Z Phys 32:150–158

39   Clusius K (1929) Über die spezifischen Wärmen einiger kondensierter Gase zwischen 10° abs. und dem Tripelpunkt. Leipzig, Z Phys Chem (B) 3:41–79

40 Bartholomé E (1950) Nachruf auf Arnold Eucken. Berlin, Naturwissenschaften 37: 481–482

Patat F (1950) Nachruf auf Arnold Eucken. Wiesbaden, Z Naturforsch 5a:689

Schäfer K (1950) Nachruf auf Arnold Eucken. Weinheim, Z Elektrochem 54:391–392

41 Clusius K (1933) Über Umwandlungen in festen Gasen. Weinheim, Z Elektrochem 39: 598–601

42 Eucken A, Fried F (1924) Über die Nullpunktsentropie kondensierter Gase. Berlin, Z Phys 29:36–70

Frank A, Clusius K (1937) Zur Entropie des Methans. Leipzig, Z Phys Chem (B) 36: 292–300

Eucken A, Schröder A (1938) Calorimetrische Tieftemperaturmessungen an einigen Fluoriden (BF_3, CF_4 und SF_6). Leipzig, Z Phys Chem (B) 41:307–319

Eucken A, Aybar S (1940) Schallabsorptions- und Schalldispersionsmessungen an CH_4, COS und ihren Mischungen mit Zusatzgasen. Leipzig, Z Phys Chem (B) 46: 195–211

43 Harteck P (2. 12. 1950) Vortrag, gehalten bei der Gedächtnisfeier der math.-nat. Fakultät der Georg-August-Universität in Göttingen.

Schäfer K (26. 6. 1984) Vortrag, gehalten zum Anlaß der Enthüllung einer Gedenktafel am ehemaligen Institut Arnold Euckens in Göttingen, Bürgerstr. 50. Gedruckt in der Festschrift zum 100. Geburtstag.

44 Eucken A (1922) Der Nernstsche Wärmesatz. Ergeb exakten Naturwiss 1:120–126

45 Eucken A, Schwers F (1913) Eine experimentelle Prüfung des T^3-Gesetzes für den Verlauf der spezifischen Wärme fester Körper bei tiefen Temperaturen. Verh Dtsch Phys Ges 15:578–588

46 Debye P (1912) Zur Theorie der spezifischen Wärmen. Ann Phys (4) 39:789–839

47 Die Dulong-Petitsche Regel besagt, daß die Atomwärme aller festen Stoffe etwa 6 cal./Grad beträgt. Sie trifft bei tiefen Temperaturen nicht mehr zu, da die Schwingungen nicht mehr harmonisch sind (Grundriß 5. Auflage S 159 f.)

48 Eucken A (1913) Über die Berechnung spezifischer Wärmen aus elastischen Konstanten. Verh Dtsch Phys Ges 15:571–577

49 Eucken A (1911) Über die Temperaturabhängigkeit der Wärmeleitfähigkeit fester Nichtmetalle. Ann Phys (4) 34:185–221

50 Eucken A (1928) Wärmeleitfähigkeit von Metallen und Nichtmetallen. Quantentheorie und Chemie von H. Falkenhagen. Verlag S Hirzel, Leipzig, S 112–127

51 Eucken A (1911) Über die Temperaturabhängigkeit der Wärmeleitfähigkeit einiger Gase. Phys Z 12:1101–1106

Eucken A (1911) Die Wärmeleitfähigkeit einiger Kristalle bei tiefen Temperaturen. Verh Dtsch Phys Ges 13:829–835

52 Wicke E (1984) Würdigung A. Euckens zum 100. Geburtstag (3. 7. 1884). VDI Ges, Verfahrenstechnik und Chemieingenieurwesen 54–62

53 Stolzenberg D (1994) Fritz Haber, Chemiker – Nobelpreisträger – Deutscher – Jude. Weinheim

54 Eucken A (1916) Über das thermische Verhalten einiger komprimierter und kondensierter Gase. Verh Dtsch Phys Ges 18:4–17

Eucken A, Weigert K (1933) Eine Bestimmung der inneren Rotationswärme des Methans. Leipzig, Z Phys Chem (B) 23:265–280

Eucken A, Bertram A (1936) Die Ermittlung der Molwärme einiger Gase bei tiefen Temperaturen nach der Wärmeleitfähigkeitsmethode. Leipzig, Z Phys Chem (B) 31: 361–381

Franck EU (1951) Zur Temperaturabhängigkeit der Wärmeleitfähigkeit einiger Gase. Z Elektrochem 55:636–643

55 Eucken A, Lüde K v (1929) Die spezifische Wärme der Gase bei mittleren und hohen Temperaturen. Leipzig, Z Phys Chem (B) 5:413–441

Eucken A, Hoffmann A (1929) Die spezifische Wärme der Gase bei mittleren und hohen Temperaturen II. Leipzig, Z Phys Chem (B) 5:442–445

Eucken A, Mücke O (1932) Die Bestimmung der wahren spezifischen Wärme einiger Gase bei hohen Temperaturen nach der Lummer-Pringsheimschen Methode. Leipzig, Z Phys Chem (B) 18:167–188

Eucken A, Dannöhl W (1934) Vorläufige Neuberechnung der Molwärme C_v des NaCl und einiger Metalle bei hohen Temperaturen. Z Elektrochem 40:789–792

56 Eucken A, Donath E (1925) Die Verdampfungswärme einiger kondensierter Gase bei kleinen Drucken. Leipzig, Z Phys Chem (A) 124:181–203

Harteck P (1928) Dampfdruckmessungen von Ag, Au, Cu, Pb, Ga, Sn und Berechnung der chemischen Konstanten. Leipzig, Z Phys Chem (A) 134:1–20

Harteck P (1928) Dampfdruck und chemische Konstanten des Chlors. Leipzig, Z Phys Chem (A) 134:21–25

Clusius K (1929) Die Dampfdruckkonstanten des Neons. Leipzig, Z Phys Chem (B) 4: 1–13

Clusius K, Teske W (1929) Dampfdruck und Dampfdruckkonstante des Kohlenoxyds. Leipzig, Z Phys Chem (B) 6:135–151

Clusius K, Hiller K, Vaughen JV (1930) Über die spezifische Wärme des Stickoxyduls, Ammoniaks und Fluorwasserstoffs von 10° abs. aufwärts. Leipzig, Z Phys Chem (B) 8: 422–439

Nonnenmacher H (1938) Eine Methode zur direkten Messung der Verdampfungswärme von Metallen. Diss Univ Göttingen

57 Hauck FH (1927) Die spezifischen Wärmen c_v und c_p einiger Stoffe im festen, flüssigen und hyperkritischen Gebiet zwischen 90 und 320° absolut. Diss. TH Breslau

Eucken A, Bresler F (1928) Beiträge zur Kenntnis der Molekularkräfte I, die Änderung der Sättigungsdampfdichte einiger Flüssigkeiten durch hochgespannte Gase und ihr Zusammenhang mit der van der Waalschen Konstante a_{12}. Leipzig, Z Phys Chem (A) 134:230–242

Eucken A (1934) Über die Fortsetzung der Dampfdruckkurve oberhalb des kritischen Punktes. Phys Z 35:708–711

58 Eucken A, Meyer L (1929) Beiträge zur Kenntnis der Molekularkräfte IIA. Leipzig, Z Phys Chem (B) 5:452–466

59 Eucken A (1931) Beiträge zur Kenntnis der Molekularkräfte III. Leipzig, Z Phys Chem, Bodensteinfestband, 432–436

60 Eucken A, Parts A (1932) Die Molwärme und Normalschwingungen der einfachsten Kohlenwasserstoffe. Göttingen, Nachr Ges Wiss I:273–282

Eucken A, Parts A (1933) Die Molwärmen und Normalschwingungen des Äthans und Äthylens. Leipzig, Z Phys Chem (B) 20:184–194

Eucken A, Weigert K (1933) Eine Bestimmung der inneren Rotationswärme des Äthans. Leipzig, Z Phys Chem (B) 23:265–280

Eucken A, Schäfer K (1939) Rückschlüsse aus den bisherigen Erfahrungen über die gehemmte Rotation der CH_3-Gruppen in einfachen Kohlenwasserstoffen auf die gegenseitige Bindung der Atome. Berlin, Naturwissenschaften 27:122–127

61 Eucken A, Meyer L (1929) Zur Frage der Additivität der Dipolmomente. Phys Z 30: 397–402

Meyer L (1930) Die Temperaturabhängigkeit der Molekularpolarisation, insbesondere von Stoffen mit frei drehbaren Gruppen. Leipzig, Z Phys Chem (B) 8:27–54

Meyer L (1930) Elektrostatische Behinderung der freien Drehbarkeit. Angew Chem 43: 747–748

Meyer L (1931) Bemerkungen zu der Arbeit von R. Sänger „Temperaturabhängigkeit der Molekularpolarisation unter Berücksichtigung der freien Drehbarkeit". Phys Z 32: 260–261

62 Eucken A, D'Or L (1932) Die Molwärme des gasförmigen Stickoxyds bei tiefen Temperaturen. Göttingen, Nachr Ges Wiss 107–112

63 Eucken A (1914) Über den Quanteneffekt bei einatomigen Gasen und Flüssigkeiten. Berlin, Ber Akad Wiss 12:682–693

Eucken A, Karwat E (1924) Die Bestimmung des Wärmeinhalts einiger kondensierter Gase. Leipzig, Z Phys Chem (A) 112:467–486

Eucken A, Hauck F (1928) c_p und c_v-Messungen. Leipzig, Z Phys Chem (A) 134:161–177

Eucken A, Seekamp H (1928) Zur Theorie der spezifischen Wärme c_v einatomiger Flüssigkeiten bei hohen Temperaturen. Leipzig, Z Phys Chem (A) 134:178–189

Eucken A, Bresler F (1928) Beitrag zur Kenntnis der Molekularkräfte I, die Änderung der Sättigungsdampfdichte einiger Flüssigkeiten durch hochgespannte Gase und ihr Zusammenhang mit der van der Waalschen Konstante a_{12}. Leipzig, Z Phys Chem (A) 134:210–242

Bartholomé E, Eucken A (1936) Die direkte kalorimetrische Bestimmung von c_v der Wasserstoffisotopen in festem und flüssigem Zustand. Z Elektrochem 42:547–551

64 Bartholomé E, Eucken A (1937) The dependence on temperature of the specific heat (c_v) of monatomic liquids. London, Trans Faraday Soc 33:45–54

65 Eucken A (1933) Zustandsgleichung und Parachor. Göttingen, Nachr Ges Wiss 340–349

Biltz W, Hülsmann W (1936) Parachor und Nullpunktsvolumen. Göttingen, Nachr Ges Wiss Kl III:147–156

66 Eucken A (1935) Die Pictet-Troutonsche Regel bei einatomigen Stoffen. Göttingen, Nachr Ges Wiss 127–137

67 Teller E, Weigert K (1933) Die spezifische Wärme des eindimensionalen gehemmten Rotators. Göttingen, Nachr Ges Wiss 208–231

68 Eucken A (1942) Zur Kenntnis des Schmelzprozesses. Angew Chem 55:163–167

69 Klinkhardt H (1927) Messung von wahren spezifischen Wärmen bei hohen Temperaturen. Ann Phys (4) 84:167–200

69a Seekamp H (1931) Über die Messung wahrer spezifischer Wärmen fester und flüssiger Metalle bei hohen Temperaturen. Z Anorg Allgem Chem 195:345–365

70 Eucken A (1934) Bemerkungen zum Problem der Zustandsumwandlungen höherer Art. Leipzig, Z Tech Phys 15:530–535

Eucken A (1935) Physikalische Wärmelehre. Die Physik 3:1–28

71 Pauling L (1930) The rotational motion in molecules in cristals. Phys Rev 36:430–443

72 Eucken A (1939) Rotation von Molekeln und Ionengruppen in Kristallen. Z Elektrochem 45:126–150

73 Clusius K, Perlick A (1934) Die Unstetigkeit im thermischen und kalorischen Verhalten des Methans bei 20,4° abs. als Phasenumwandlung 2. Ordnung. Leipzig, Z Phys Chem (B) 24:313–327

Eucken A, Bartholomé E (1936) Die thermische Hysterese der Methanumwandlung bei 20,4° abs. Göttingen, Nachr Ges Wiss 51–64

Eucken A, Veith H (1936) Die Molwärme des Methans in festen CH_4-Kr-Mischungen. Leipzig, Z Phys Chem (B) 34:275–299

Eucken A, Veith H (1937) Die Molwärme des Methans in festen CH_4-Kr-Mischungen. Leipzig, Z Phys Chem (B) 38:393–394

74 Eucken A, Schröder E (1938) Kalorimetrische Untersuchungen der Umwandlungen des festen CF_4 und SF_6 bei 76,2 und 94,3° abs. Göttingen, Nachr Ges Wiss II:65–70

75 Eucken A, Ahrens H (1934) Die Normalschwingungen des Schwefelhexafluorids. Leipzig, Z Phys Chem (B) 26:297–311

Eucken A, Sauter F (1934) Über die intermolekularen Kräfte in Oktaedermolekülen, speziell im SF_6, auf Grund der Normalschwingungen. Leipzig, Z Phys Chem (B) 26: 463–472

76 Eucken A, Güttner W (1936) Die thermische Hysterese bei der Umwandlung des Bromwasserstoffs bei 89° abs. Göttingen, Nachr Ges Wiss math-phys Kl 167–180

Eucken A (1942) Zur Kenntnis des Schmelzprozesses. Angew Chem 55:163–167

77 Clusius K (1933) Über Umwandlungen in kondensiertem Schwefelwasserstoff. Göttingen, Nachr Ges Wiss math-nat Kl 172–177

78 Clusius K (1933) Über Umwandlungen in festen Gasen. Z Elektrochem 39:598–601

79 Clusius K (1933) Freie Rotation im Gitter des Monosilans. Leipzig, Z Phys Chem (B) 23:598–601

80 Damköhler G (1938) Über das dielektrische Verhalten des festen HBr in dem Umwandlungsintervall um 89° abs. Ann Phys (5) 31:76–96

81 Bartholomé E, Drikos G, Eucken A (1938) Die Umwandlung von festem CD_4 und seiner Mischung mit CH_4. Leipzig, Z Phys Chem (B) 39:371–384

82 Schäfer K (1939) Zur Theorie der Rotationsumwandlung. Leipzig, Z Phys Chem (B) 44:127–162

83 Eucken A, Kuhn G (1928) Ergebnisse neuer Messungen der Wärmeleitfähigkeit fester kristallisierter Stoffe von 0 bis -190°. Leipzig, Z Phys Chem (A) 134:193–219

84 Ruß A (1928) Die Wärmeleitfähigkeit von Gläsern in Abhängigkeit von der chemischen Zusammensetzung. Sprechsaal f Keramik, Glas u verw Ind, Fach- und Wirtschaftsblatt 1–34

Eucken A (1940) Allgemeine Gesetzmäßigkeiten für das Wärmeleitvermögen verschiedener Stoffarten und Aggregatzustände. Forsch Geb Ingenieurw 11:6–20

85 Eucken A, v Laube H (1929) Wärmeleitfähigkeitsmessungen an feuerfesten Materialien bei hohen Temperaturen. Berlin, Tonind-Ztg 21:1600–1603

Eucken A (1932) Die Wärmeleitfähigkeit keramischer feuerfester Stoffe. Forsch Geb Ingenieurw 3:1–16

86 Eucken A, Becker R (1934) Die Stoßanregung intermolekularer Schwingungen in Gasen und Gasmischungen auf Grund von Schalldispersionsmessungen I. Leipzig, Z Phys Chem (B) 27:219–234

Eucken A, Becker R (1934) Die Stoßanregung intermolekularer Schwingungen in Gasen und Gasmischungen auf Grund von Schalldispersionsmessungen II. Leipzig, Z Phys Chem (B) 27:235–262

87 Eucken A (1928) Zur Kenntnis des Wiedemann-Franzschen Gesetzes III. Leipzig, Z Phys Chem (A) 134:221–226

Staebler J (1929) Elektrisches und thermisches Leitvermögen und Wiedemann-Franzsche Zahl von Leichtmetallen und Magnesiumlegierungen. Dissertation Breslau

88 Eucken A (1936) Über Metalldampfdrucke. Metallwirtsch 15:27–32

Eucken A (1936) Über Metalldampfdrucke (ein kritischer Überblick über die bisher vorliegenden Ergebnisse). Metallwirtsch 15:63–68

89 Eucken A, Neumann O (1924) Zur Kenntnis des Wiedemann-Franzschen Gesetzes I. Leipzig, Z Phys Chem (A) 111:431–446

Eucken A, Dittrich K (1927) Zur Kenntnis des Wiedemann-Franzschen Gesetzes II. Leipzig, Z Phys Chem (A) 125:211–228

90 Eucken A, Warrentrup H (1935) Eine Apparatur zur Messung der Wärmeleitfähigkeit von Metallblechen. Leipzig, Z Tech Phys 16:99–105

91 Mannchen W (1931) Wärmeleitvermögen, elektrisches Leitvermögen und Lorenzsche Zahl einiger Leichtmetallegierungen. Stuttgart, Z Metallkd 23:193–196

Eucken A, Warrentrup H (1935) Die Veränderlichkeit des thermischen und elektrischen Widerstands bei der Ausscheidungshärtung von Al-Cu-Legierungen. Z Elektrochem 41:331–337

92 Schürenberg H (1938) Atomare Widerstandserhöhungen von Bleilegierungen zwischen 273 und 14° abs. Dissertation Univ Göttingen

93 Eucken A, Gehlhoff G (1912) Elektrisches und thermisches Leitvermögen und Wiedemann-Franzsche Zahl an Sb- und Cd-Legierungen von 0 bis –190 °C. Verh Dtsch Phys Ges 14:169–182

Eucken A (1925) Die Wärmeleitfähigkeit fester Körper bei tiefen Temperaturen. Leipzig, Z Tech Phys 6:689–694

94 Eucken A (1926) Was ist ein Metall? Stuttgart, Z Metallkd 18:182–188

Eucken A (1931) Die Natur des metallischen Zustandes I, Ergebnisse neuerer Forschungen. Stuttgart, Z Metallkd 23:293–296

95 Eucken A (1931) Die Natur des metallischen Zustandes II. Stuttgart, Z Metallkd 23:329–334

96 Eucken A, Werth K (1930) Die spezifische Wärme einiger Metalle und Metall-Legierungen bei tiefen Temperaturen. Z Anorg Allgem Chem 188:152–171

97 Eucken A, Förster F (1934) Ein Versuch zur Ermittlung der freien Weglänge der Metallelektronen in Wismut durch Bestimmung des elektrischen Widerstandes sehr dünner Einkristalldrähte. Göttingen, Nachr Ges Wiss 43–55

Eucken A, Riedel L (1936) Versuche zur experimentellen Bestimmung der freien Weglänge der Elektronen in Blei und Cadmium. Berlin, Naturwissenschaften 24:696

Riedel L (1937) Versuche zur experimentellen Bestimmung der freien Weglänge der Elektronen in Blei und Cadmium. Ann Phys (5) 28:603–631

98 Eucken A (1913) Über die Berechnung spezifischer Wärmen aus elastischen Konstanten. Verh Dtsch Phys Ges 15:571–577

Eucken A, Förster F (1934) Herstellung von extrem dünnen Metallfäden zur direkten Ermittlung der freien Weglänge in Metallen. Stuttgart, Z Metallkd 26:232–235

Eucken A, Förster F (1934) Ein Versuch zur Ermittlung der freien Weglänge der Metallelektronen in Wismut durch Bestimmung des elektrischen Widerstandes sehr dünner Einkristalldrähte. Göttingen, Nachr Ges Wiss 43–55

Eucken A, Förster F (1934) Die mittlere freie Elektronenweglänge in Silber auf Grund des elektrischen Leitvermögens sehr dünner Ag-Fäden. Göttingen, Nachr Ges Wiss 129–137

99 Eucken A (1914) Zur Theorie der Adsorption. Verh Dtsch Phys Ges 16:345–362

100 Wicke E (1947) Die Zerlegung von Gasgemischen in durchströmter Adsorberschicht (siehe auch weitere Arbeiten von E. Wicke und seinen Schülern). Angew Chem (B) 19:15–21

101 Wicke E (1940) Untersuchungen über Ad- und Desorptionsvorgänge in körnigen, durchströmten Adsorberschichten. Kolloid-Z 93:129–157

Wicke E, Kallenbach R (1941) Die Oberflächendiffusion von Kohlendioxyd an aktiven Kohlen. Kolloid-Z 97:135–151

Wicke E (1947) Bedeutung der Oberflächendiffusion für die Nutzung poröser Kontakte I, Oberflächendiffusion bei normalen Drücken. Angew Chem (B) 19:57–61

Wicke E, Voigt U (1947) Bedeutung der Oberflächendiffusion für die Nutzung poröser Kontakte II, Oberflächendiffusion bei geringen Drücken. Angew Chem (B) 19:94–96

102 Wicke E (1951) Einige Probleme des Stoff- und Wärmeübergangs an Grenzflächen. Weinheim, Chem-Ing-Tech 23:5–12

103 Damköhler G (1935) Über die Adsorptionsgeschwindigkeit von Gasen an porösen Adsorbentien. Leipzig, Z Phys Chem (A) 174:222–238

104 Eucken A (1922) Über die Theorie der Adsorptionsvorgänge. Z Elektrochem 28:6–16

Eucken A (1937) Energie- und Stoffaustausch an Grenzflächen. Berlin, Naturwissenschaften 25:209–218

105 Eucken A, Hunsmann W (1939) Calorimetrische Untersuchungen der physikalischen und aktivierten Adsorption des Wasserstoffs an Nickel. Leipzig, Z Phys Chem (B) 44:163–184

106 Eucken A, Krome H (1940) Ausgestaltung der Wärmeleitfähigkeitsmethode zur Messung der Molwärme sehr verdünnter Gase. Leipzig, Z Phys Chem (B) 45:175–192

107 Hunsmann W (1938) Versuche zur Ermittlung der Zeitdauer des Energieaustausches von Gasmolekeln und festen Oberflächen. Dissertation Univ Göttingen

Hunsmann W (1938) Versuche zur Ermittlung der Zeitdauer des Energieaustausches zwischen Gasmolekeln und festen Oberflächen. Z Elektrochem 44:606–610

108 Langmuir I (1918) The adsorption of gases on plane surfaces of glas, mica and platinum. J Am Chem Soc 40:1390–1403

109 Brunauer S, Emmett PH, Teller E (1938) Adsorption of gases in multimolecular layers. J Am Chem Soc 60:309–319

110 Lenel FV (1933) Über die Adsorptionswärme von Edelgasen und Kohlendioxyd an Ionenkristallen. Leipzig, Z Phys Chem (B) 23:379–398

111 Wicke E (1984) Arnold Thomas Eucken, Pionier der chemischen Verfahrenstechnik. Berlin, Naturwissenschaften 71:439–445

112 Schwab GM (1984) Eucken's work on catalysis, vol 1. Proc of the 8 intern Congress on Catalysis, Berlin

113 Zur Geschichte der Katalyse findet man Nützliches in „Alwin Mittasch, von der Chemie zur Philosophie", Ulm (Donau) 1948

114 v Nagel A (1958) in: Ludwigshafener Chemiker, Bd. 1, Düsseldorf

115 Sihvonen V (1930) Der Reaktionsmechanismus der Kohlenstoffverbrennung bei niedrigen Drucken. Ann Acad Sciet Fenn (A) 33:4–30

116 Eucken A (1930) Der Reaktionsmechanismus der Kohlenstoffverbrennung bei geringen Drucken. Angew Chem 43:986–993

Meyer L (1932) Der Mechanismus der Primärreaktion zwischen Sauerstoff und Graphit. Leipzig, Z Phys Chem (B) 17:385–404

117 Eucken A (1922) Die Trägheitsmomente und die Gestalt der Kohlensäuremolekel. Leipzig, Z Phys Chem (A) 100:159–170

Eucken A (1926) Zur Frage nach der Gestalt der Kohlensäure-Molekel. Berlin, Z-Phys 37:714–721

118 Eucken A, Wicke E (1944) Die Deutung heterogener Dehydrierungskatalysen durch den Austausch von Wasserstoffionen. Berlin, Naturwissenschaften 32:161–162

Eucken A (1947) Ein Modell für die gehemmte chemische Adsorption hydroxylhaltiger Stoffe an γ-Al$_2$O$_3$. Berlin, Naturwissenschaften 34:174

Eucken A, Wicke E (1947) Über Wasserstoffaustauschkatalyse an oxydischen Kontakten. Z Naturforsch 2a:163–166

119 Eucken A, Küchler L (1938) Stoßanregung intramolekularer Schwingungen. Phys Z 39:831–835

120 Eucken A (1947) Austauschkontaktkatalyse. Forsch Fortschr 21/23:79–81

121 Rice FO, Teller E (1938) The roll of free radicals in elementary organic reactions. J Chem Phys 6:489–496

122 Wicke E (1949) Oxydische Kontakte und ihr Verhalten bei der Dehydrierung und Dehydratisierung. Weinheim, Z Elektrochem 53:276–285

123 Wicke E (1948) Wasserstoffaustauschkatalysen an oxydischen Kontakten. Weinheim, Z Elektrochem 52:86–96

124 Eucken A, Heuer K (1950) Zur Kenntnis der katalytischen Alkoholdehydrierung und Dehydratisierung an Oxyden (zum 65. Geburtstag von Max Volmer). Leipzig, Z Phys Chem (A) 196:40–55

125 Eucken A (1949) Die Hydrierung ungesättigter Kohlenwasserstoffe an Nickelkontakten I, die Adsorption des Wasserstoffs an Nickel. Weinheim, Z Elektrochem 53:285–290

Eucken A (1950) Die Hydrierung ungesättigter Kohlenwasserstoffe an Nickelkontakten II, reaktionskinetische Untersuchungen. Weinheim, Z Elektrochem 54:108–120

126 Eucken A, Hunsmann W (1939) Calorimetrische Untersuchungen der physikalischen und aktivierten Adsorption des Wasserstoffs an Nickel. Leipzig, Z Phys Chem (B) 44: 163–184

Eucken A (1950) On the existence of active centres in chemical adsorption and contactcatalysis. Disc Faraday Soc 8:128–133

127 Eucken A (1941/42) Walther Nernst, Nachruf. Göttingen, Jahrbuch Akad Wiss 88–91

128 Eucken A (1937) Theoretische und praktische Probleme auf dem Gebiet der Reaktionskinetik. Göttingen, Abh Ges Wiss III:26–35

129 Pease RN (1929) Characteristics of the non-explosive Oxidation of Propane and the Butanes. J Am Chem Soc 51:1839–1856

130 Rice FO (1931) The thermal decomposition of organic compounds from the standpoint of free radicals I, saturated hydrocarbons. J Am Chem Soc 53:1859–1872

Rice FO (1933) The thermal decomposition III, the calculation of the products formed from hydrocarbons. J Am Chem Soc 55:3035–3040

Rice FO, Herzfeld KF (1934) The thermal decomposition VI, the mechanism of some chain reactions. J Am Chem Soc 56:284–289

131 Frankenburger W (1937) Katalytische Umsetzungen in homogenen und enzymatischen Systemen. Leipzig

132 Eucken A, Becker R, Mücke O (1932) Die Einstellungsdauer der Schwingungswärme 2atomiger Molekeln. Berlin, Naturwissenschaften 20:85–86

Franck J, Eucken A (1933) Umsatz von Translationsenergie in Schwingungsenergie bei molekularen Stoßprozessen. Leipzig, Z Phys Chem (B) 20:460–466

133 Eucken A, Becker R (1933) Der Übergang von Translations- in Schwingungsenergie beim Zusammenstoß verschiedenartiger Molekeln auf Grund von Schalldispersionsmessungen. Leipzig, Z Phys Chem (B) 20:467–474

Eucken A, Jaacks H (1935) Die Stoßanregung intramolekularer Schwingungen in Gasen und Gasmischungen auf Grund von Schalldispersionsmessungen III, Messungen an Stickoxydul. Leipzig, Z Phys Chem (B) 30:85–112

Eucken A, Nümann E (1937) Schalldispersions- und Adsorptionsmessungen an N_2O und CO_2 bei hohen Temperaturen. Leipzig, Z Phys Chem (B) 36:163–183

134 Patat F, Bartholomé E (1936) Über die direkte Übertragung von Schwingungsenergie zwischen Gasmolekeln beim Stoß. Leipzig, Z Phys Chem (B) 32:396–406

135 Patat F, Sachsse H (1935) Über das Auftreten von Radikalen beim thermischen Zerfall organischer Moleküle. Leipzig, Z Phys Chem (B) 31:105–124

Patat F, Sachsse H (1935) Der thermische Zerfall von Acetaldehyd und Formaldehyd. Berlin, Naturwissenschaften 23:247–248

Patat F (1936) Homogene monomolekulare Zerfallsreaktionen in Gasen I. Z Elektrochem 42:85–97

Patat F (1936) Homogene monomolekulare Zerfallsreaktionen in Gasen II. Z Elektrochem 42:265–276

Küchler L, Lambert JD (1937) Der thermische Zerfall des Dioxans. Leipzig, Z Phys Chem (B) 37:285–306

136 Patat F, Sachsse H (1936) Über das Auftreten von Radikalen beim thermischen Zerfall organischer Moleküle. Leipzig, Z Phys Chem (B) 32:264–273

Eucken A, Nümann E (1937) Schalldispersions- und Absorptionsmessungen an N_2O und CO_2 bei hohen Temperaturen. Leipzig, Z Phys Chem (B) 36:163–183

137 Küchler L, Theile H (1939) Der thermische Zerfall des Äthans bei Zusatz von Fremdgasen. Leipzig, Z Phys Chem (B) 42:359–379

Theile H (1939) Der thermische Zerfall des Äthans unter höherem Druck. Leipzig, Z Phys Chem (B) 44:41–52

138 Sachsse H (1936) Der thermische Zerfall des Äthans I, die Wahrscheinlichkeit des Zerfalls in 2 CH_3 bzw. C_2H_4 und H_2. Leipzig, Z Phys Chem (B) 31:79–86

Sachsse H (1936) Der thermische Zerfall des Äthans II, die Stoßausbeute bei der Aktivierung und mittlere Lebensdauer im aktivierten Zustand. Leipzig, Z Phys Chem (B) 31:87–104

139 Patat F (1936) Über die Größe der Radikalkonzentrationen beim homogenen Zerfall organischer Moleküle II, die Radikalkonzentration beim Zerfall des Dimethyläther und Propan und die Diskussion des gesamten Versuchsmaterials. Leipzig, Z Phys Chem (B) 32:294–304

140 Rice FO (1935) The decomposition of organic compounds from the standpoint of free radicals. (Dort sind auch die älteren Arbeiten zitiert.) Chem Rev 17:53–63

141 Patat F (1935) Der photochemische Zerfall von Methyl- und Äthylalkohol. Z Elektrochem 41:495–498

142 Patat F (1935) Der Primärprozeß des photochemischen und thermischen Zerfalls von Azomethan. Berlin, Naturwissenschaften 23:801

Patat F (1936) Der Primärprozeß des photochemischen Zerfalls des Azomethans. Göttingen, Nachr Ges Wiss II NF 77–90

Küchler L (1936) Die Quantenausbeute des photomechanischen Azomethanzerfalls und die Reaktion CH_3 + H_2. Göttingen, Nachr Ges Wiss 215–230

143 Eucken A (1934) Die Geschwindigkeit des homogenen thermischen Zerfalls acyclischer Kohlenwasserstoffe. Leipzig, Chemie 342–347

Küchler L (1937) Der thermische Zerfall des Cyclohexens. Göttingen, Nachr Ges Wiss 231–240

144 Küchler L (1943) Der homogene thermische Zerfall des Cyclopentans. Leipzig, Z Phys Chem (B) 53:307–319

145 Küchler L, Lambert JD (1937) Der thermische Zerfall des Dioxans. Leipzig, Z Phys Chem (B) 37:285–306

146 Patat F (1936) Über die Größe der Radikalkonzentrationen beim homogenen Zerfall organischer Moleküle I, die Berechnung der mit Hilfe der Parawasserstoffmethode gefundenen Radikalkonzentrationen und die Reaktion CH_2 + CH_2. Leipzig, Z Phys Chem (B) 32:274–293

147 Patat F (1936) Über das Auftreten von Radikalen beim Zerfall von Molekülen und die Reaktion CH_3 + H_2. Berlin, Naturwissenschaften 24:62–63

148 Clusius K, Bartholomé E (1934) Die Rotationswärme der Molekel H^1H^2 (Isowasserstoff). Göttingen, Nachr Ges Wiss Kl III:1–15

149 Clusius K, Bartholomé E (1934) Die Rotationswärme der Molekel H_2^2 (Diwasserstoff) und der Kernspin des H^2-Atoms. Göttingen, Nachr Ges Wiss Kl III:15–21

Clusius K, Bartholomé E (1934) Die spezifische Wärme und Schmelzwärme des kondensierten Diwasserstoffs. Göttingen, Nachr Ges Wiss Kl III:29–37

Clusius K, Bartholomé E (1934) Die Rotationswärmen der Moleküle HD und D_2. Berlin, Naturwissenschaften 22:297

Clusius K, Bartholomé E (1934) Die Rotationswärmen der Moleküle HD und D_2 und der Kernspin des D-Atoms. Z Elektrochem 40:524–529

Clusius K, Bartholomé E (1935) Zur Rotationswärme des schweren Orthowasserstoffs. Leipzig, Z Phys Chem (B) 29:162–169

Clusius K, Bartholomé E (1935) Die Verdampfungswärme des Diwasserstoffs. Göttingen, Nachr Ges Wiss Kl III:49–58

Clusius K, Bartholomé E (1935) Calorische und thermische Eigenschaften des kondensierten schweren Wasserstoffs. Leipzig, Z Phys Chem (B) 30:237–257

Bartholomé E (1936) Zur thermischen und calorischen Zustandsgleichung der kondensierten Wasserstoff-Isotopen I, experimentelle Bestimmung der Zustandsgrößen. Leipzig, Z Phys Chem (B) 33:387–404

150 Schäfer K (1936) Der zweite Virialkoeffizient des schweren Wasserstoffs. Berlin, Naturwissenschaften 24:539

Schäfer K (1937) Der zweite Virialkoeffizient der verschiedenen Modifikationen des schweren und leichten Wasserstoffs., Leipzig, Z Phys Chem (B) 36:85–104

Schäfer K (1937) Der zweite Virialkoeffizient der verschiedenen Modifikationen des schweren und leichten Wasserstoffs II, theoretische Berechnungen. Leipzig, Z Phys Chem (B) 38:187–208

151 Schäfer K (1939) Über den Dampfdruckunterschied und die Molwärme von Ortho- und Parawasserstoff. Leipzig, Z Phys Chem (B) 42:380–394

Schäfer K (1940) Die thermischen und kalorischen Differenzeffekte des Ortho- und Parawasserstoffs. Leipzig, Z Phys Chem (B) 45:451–464

152 Clusius K, Bartholomé E (1934) Messungen an kondensiertem schweren Wasserstoff. Berlin, Naturwissenschaften 22:526–527

Clusius K, Bartholomé E (1934) Die Eigenschaften des kondensierten schweren Wasserstoffs. Leipzig, Z Tech Phys 15:545–547

153 Sachsse H, Bratzler K (1935) Eine einfache Methode zur genauen Bestimmung des schweren Wasserstoffisotops durch Wärmeleitfähigkeit. Leipzig, Z Phys Chem (A) 171:331–340

154 Eucken A (1936) Thermische und kalorische Eigenschaften schweren und leichten Wasserstoffs. J Phys Radium 7/7:281–288

Eucken A (1949) Thermische und kalorische Eigenschaften des schweren und leichten Wassers. Göttingen, Nachr Akad Wiss 1–11

155 Bartholomé E, Clusius K (1934) Das Ultrarotspektrum des schweren Wasserdampfes. Berlin, Naturwissenschaften 22:420

Bartholomé E, Clusius K (1934) Das Ultrarotspektrum des schweren Wasserdampfes. Z Elektrochem 40:529–531

156 Eucken A, Bratzler K (1935) Der elektrolytische Trennfaktor der Wasserstoffisotopen unter verschiedenen Versuchsbedingungen. Leipzig, Z Phys Chem (A) 174:272–290

157 Bartholomé E, Clusius K (1935) Calorimetrische Messungen an schwerem Wasser. Leipzig, Z Phys Chem (B) 28:167–177

158 Dezelic M (1935) Die Schmelzkurve der Mischungen von schwerem Wasser und Wasser. Das Lösungsgleichgewicht. Z Anorg Allgem Chem 225:137–174

Eucken A, Schäfer K (1935) Bemerkungen zu der Arbeit von M. Dezelic: die Schmelzkurve von schwerem Wasser und Wasser. Z Anorg Allgem Chem 225:319–320

159   Tammann G, Bandel G (1934-1938) Die Schmelz- und Umwandlungskurven der Eisarten aus schwerem Wasser. Göttingen, Nachr Ges Wiss, NF Fachgr 3, Bd. 1:23-28

160   Eucken A, Schäfer K (1935) Die Anreicherung schweren Wassers in Gletschereis und das Schmelzdiagramm des Systems H_2O-D_2O. Göttingen, Nachr Ges Wiss, I Fachgr 3: 109-125

161   Eucken A, Schäfer K (1935) Weitere Untersuchungen über die Anreicherung schweren Wassers in Gletschereis. Göttingen, Nachr Ges Wiss 137-146

162   Schäfer K, Foz Gazulla OR (1942) Über die Druckabhängigkeit der Wärmeleitung und die Bildung von Doppelmolekeln in Äthylchlorid. Leipzig, Z Phys Chem (B) 52: 299-314
      Eucken A (1948) Assoziation in Flüssigkeiten. Weinheim, Z Elektrochem 52:255-269

163   Eucken A, Franck EU (1948) Ionenhydrate in wässrigen Lösungen. Gehemmte Rotationen von Äther- und Alkoholmolekülen auf Grund der Molwärmebestimmungen. Weinheim, Z Elektrochem 52:195-204

164   Eucken A, Eigen M (1951) Untersuchungen der Assoziationsstruktur in schwerem Wasser und in n-Propanol mit Hilfe thermisch-calorischer Eigenschaften, insbesondere Messungen der spezifischen Wärme. Weinheim, Z Elektrochem 55:343-351

165   Eucken A (1945) Zur Kenntnis der Konstitution des Wassers. Göttingen, Nachr Akad Wiss 38-48

166   Eucken A (1947) Der Einfluß gelöster Stoffe auf die Konstitution des Wassers. Göttingen, Nachr Akad Wiss 33-36

167   Eucken A (1949) Weiteres zur Assoziation des Wassers. Weinheim, Z Elektrochem 53: 102-105

168   Eucken A † (1953) Über die molekulare Assoziation des schweren Wassers. Zusammengestellt von E. Wicke u. M. Eigen. In: Thilo E (Hrsg) Aktuelle Probleme der physikalischen Chemie:3-11. Berliner Akademieverlag

169   Winkler-Oswatitsch R (1987) Manfred Eigen, scientist and musician. Göttingen, Max-Planck-Institut für biophysikalische Chemie

170   Plank R (1944) Laudatio zum 60. Geburtstag von Arnold Eucken. Berlin, Naturwissenschaften 32:103-104

171   Eucken A (1939) Grundsätzliches über den Zerfallsmechanismus einfacher Kohlenwasserstoffe. Heft 9 der Schriften d Dtsch Akad Luftfahrtforsch

172   Churchill SW (1988) G. Damköhler, Würdigung. Int Chem Ing 28:132-133

173   Damköhler G (1936) Einfluß der Strömung, Diffusion und des Wärmeübergangs auf die Leistung von Reaktionsöfen I, allgemeine Gesichtspunkte für die Übertragung eines chemischen Prozesses aus dem Kleinen ins Große. Z Elektrochem 42:846-862
      Damköhler G, Delcker G (1938) Einfluß der Strömung, Diffusion und des Wärmeübergangs auf die Leistung von Reaktionsöfen II, über die Abhängigkeit der Ausbeute chemischer Reaktionen von der Strömungsgeschwindigkeit beim stationären Stickoxydulzerfall an Kupferoxyd. Z Elektrochem 44:193-199
      Damköhler G, Delcker G (1938) Zur Frage der Temperaturverteilung in einem Reaktionsrohr beim stationären Stickodydulzerfall an Kupferoxyd. Z Elektrochem 44: 228-239
      Damköhler G (1938) Die axiale Temperaturverteilung in einem rohrförmigen Kontaktofen bei der stationären, exothermen, raumbeständigen Reaktion 1. Ordnung. Z Elektrochem 44:240-243

Damköhler G (1937) Der Einfluß von Strömung und Diffusion auf die Ausbeute chemischer Reaktionen. Sonderdruck aus Chemie-Ingenieur III/1:7–12

174 Eucken A (1935) Die Forschung auf dem Gebiet chemischen Apparatewesens. Dechema-Jahrbuch 7:7–25

Eucken, Meyer L (1928) Ein vereinfachtes Kalorimeter zu Heizwertbestimmungen. Berlin, Chem Fabr 1:177–179

175 Eucken A (1938) Allgemeine physikalisch-chemische Grundlagen der thermischen Trennungsverfahren. Österr Chem-Ztg 41:137–145

176 Trawinski H (1951) Zur Hydrodynamik aufgewirbelter Partikelschichten. Weinheim. Chem-Ing-Techn 23:416–419

Wicke E, Trawinski H (1953) Über die Vermischung des Strömungsmediums in Flüssigkeits-Wirbelschichten. Weinheim, Chem-Ing-Techn 25:114–124

Trawinski H (1953) Effektive Zähigkeit und Inhomogenität in Wirbelschichten. Weinheim, Chem-Ing-Techn 25:229–238

177 Eucken A, Fried F, Karwat E (1924) Die Konstante i der thermodynamischen Dampfdruckgleichung bei mehratomigen Molekeln. Berlin, Z Phys 29:1–36

178 Eucken A, Clusius K, Berger W (1932) Eine Apparatur zur exakten Messung des isothermen Drosseleffekts bei verschiedenen Temperaturen und Drucken. Leipzig, Z Tech Phys 13:267–270

Eucken A, Berger W (1934) Der isotherme Drosseleffekt des Methans. Leipzig, Z Tech Phys 15:369–376

179 Eucken A (1940) Die Stellung der Wärmepumpe unter den modernen Energieproblemen. Ber Ges Kohlentech 9:111–136

180 Patat F (1944) Laudatio zum 60. Geburtstag von Arnold Eucken. Berlin, Naturwissenschaften 32:101–102

181 Eucken A. Fortschritte der Chemie, Physik und physikalischen Chemie. Verlag Gebr Bornträger, Berlin W 35
Bd. III (1911) Wärmelehre. 189–198
Bd. IV (1911) Wärmelehre I. 105–116
Bd. IV (1911) Wärmelehre II, Kinetik. 319–328
Bd. V (1912) Thermophysik. 321–334
Bd. VII (1913) Thermophysik. 261–280
Bd. VIII (1913) Die kinetische Theorie der Materie. 1–7

182 Eucken A (1922) Grundriß der physikalischen Chemie. 1. Aufl. Leipzig, Akad Verlagsges

183 Eggert J (1926) Lehrbuch der physikalischen Chemie, Verlag Hirzel und Wirts

184 Müller-Pouillets Lehrbuch der Physik (1926) 11. Aufl., Bd. III/1

185 Die Wege von A. Eucken und K. L. Wolf haben sich dann im „dritten Reich" schnell getrennt.

186 Hand- und Jahrbuch der chemischen Physik (1932–1935) 9 Bde. Leipzig

187 Eucken A, Jakob M (1932–1940) Der Chemieingenieur, Bd. I–III (13 Teilbände). Leipzig

188 Eucken A (1944) Selbstanzeige des Lehrbuchs der chemischen Physik, 2. Aufl. Göttinger gelehrte Anzeigen 206:129–134

189 Eucken A (1944) Betrachtungen über die früheste Entwicklungsgeschichte der Erde. Der mutmaßliche Entwicklungsgrad der Erde bis zur Bildung einer festen Gesteinskruste. Göttingen, Nachr Akad Wiss, math-nat Kl 1–25

190 Eucken A (1944) Über den Zustand des Erdinneren. Berlin, Naturwissenschaften 32: 112–121

Eucken A (1946) Zur Diskussion über die Homogenität des Erdinneren. Berlin, Naturwissenschaften 32:311–312

Tafelteil

Abb. 1. Irene Eucken geb. Passow
1863–1941

Abb. 2. Rudolf Eucken (Hodler 1908)
1846–1926

Abb. 3. Arnold Eucken
1884–1950

Abb. 4. Fritzi Eucken, geb. Brausewetter
1895–1955

Abb. 5. Ida Eucken
1888–1943

Abb. 6. Walter Eucken
1891–1950

Abb. 7. Auf dem Dach des physikalisch-chemischen Instituts der Technischen Hochschule Breslau 1930. – Von links nach rechts:
Messner, Walter Mannchen, Otto Mücke, Arnold Eucken, Rudolf Suhrmann, Horst Seekamp, Sekretärin Frl. Breyer, Unbekannt, Mechaniker Klose, F. Bresler.

Abb. 8. Vor dem Institut für physikalische Chemie der Universität Göttingen 1934

1. Klaus Clusius
2. Carl Schlicht, Mechanikermeister
3. Karl Bratzler
4. Arthur Büchner
5. Arnold Eucken
6. Fritz Kreitz, Mechanikergeselle
7. Hildegard Baermann
8. Ernst Eggert, Mechanikerlehrling
9. Hans Sachsse
10. Frl. Voigt, Sekretärin
11. Helmuth Jaaks
12. Rudolf Becker
13. Walter Mannchen
14. Ernst Bartholomé
15. Heinz Gutschmidt
16. Leonhard Riedel
17. Albert Perlick
18. A. Etzrodt
19. Hildegard Warrentrup
20. A. Bertram
21. Goldmann
22. Hans Ahrens
23. Kenner
24. Friedrich Förster
25. W. Dannöhl

Abb. 9. Vor dem Eingang des Instituts für physikalische Chemie der Universität Göttingen, Bürgerstr. 50, im Mai 1937

1. Ernst Bartholomé
2. Werner Hunsmann
3. Arnold Eucken
4. Gustav Tammann
5. Karl Schlicht, Mechaniker
6. Lehrling
7. Gerhard Damköhler
8. Klaus Schäfer
9. Gerhard Delcker
10. Helene Schürenberg
11. G. Drikos
12. Sürreja Aybar
13. Leopold Küchler
14. Herbert Englert
15. Erwin Schröder
16. Ewald Wicke
17. Willi Decke, Laborant
18. Helmut Nonnenmacher
19. Heinritz
20. Jochen Karweil
21. Wilhelm Fresenius
22. Marlene Küver, techn. Ass.
23. Erika Klönne, techn. Ass.
24. James Dewe Lambert

Abb. 10. Urlaub in der Schweiz mit Sohn Hans Joachim (1914–1942)